INDOOR PLANT 綠色家屋

120種室內觀花、觀葉植物
栽培與空間綠美化

Part ④
室內植物大活用

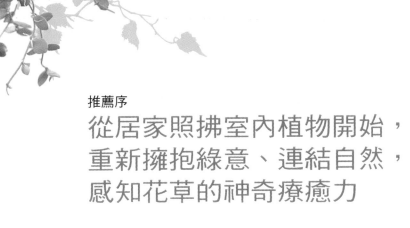

從居家照拂室內植物開始，
重新擁抱綠意、連結自然，
感知花草的神奇療癒力

很開心為《綠色家屋：120種室內觀花、觀葉植物栽培與空間綠美化》作推薦。在本書一開始「室內植物基礎栽培」的章節，為了讓大家都能輕輕鬆鬆的學會照顧好居家植物，只要跟著書本的指示，由選購開始到日常管理，細心的給予大家建議；運用圖文並茂的方式，展示各類常見病蟲害的樣貌，好做為日後管理上的判別及依據。

接著，「室內植物佈置概論」的章節裡，也可看出編輯部的用心，以居家的空間為主軸外，更介紹了商辦的大型空間該如何引入綠意佈置。在不同的空間屬性，小到一張書桌、大到一個角落，或是整個起居室，都有示範前後或經由植物群落美化後的示意圖，讓大家能直接感受到在空間裡活用各類植栽的美好。將植物的綠意巧妙的融入居家，讓生活不再遠離自然，更重要的是，還能換來新鮮乾淨的空氣，守護身心健康，一舉數得。

然而，每一種室內植物各有其樣貌和質感，不同的型態、葉序、株高及色彩，都有獨特的風格展現。書中依照每種植物的大小，妝點出來的效果方式做為分類，以類圖鑑的方式讓大家可以檢索一番，介紹的種類也多達了120種左右。那麼如果有機會，要為您家的客廳找一株空間的焦點，大型的落地盆栽時，便能先在書中對應的篇幅裡看看植物的樣貌，或擺置出來的效果是否合意，再來決定要購買哪一種植物。書籍最後的附錄更節錄了臺灣花市常見的50種室內植物，列舉出它們各自淨化空氣的功效，讓大家在採購上能有所依循，買到最適合的植栽。

不知道愛花的您們可否曾經有過一種經驗，當清晨醒來時，看見晨光照拂在室內植物上時，您彷彿可以感受到植物散發的喜悅，似乎能聽到植物呼吸的聲音！那鮮活的綠意帶來的滿足，不只是栽栽花種種草而已。一直相信植物也能感知我們對應它的照護和管理，只是身為人類的我們，在高度文明的生活裡，已有太多的感官能力逐漸消退。只要從栽種一盆花草開始，用心的呵護、觀察它們，慢慢您會發覺，其實您也能察覺到植物五花八門的表情。

臺大農場技士 梁群健

室內植物基礎栽培

Part ①

要在室內栽培植物，先來認識有哪些室內植物？了解為何這些植物可以在室內生長？以及進到琳琅滿目的花市，如何挑選健康的室內盆栽？買回家之後，又該放置在什麼地方？基本的澆水與照顧管理該怎麼做？想要讓植物健康生長，定期的清潔、修剪、肥料補充當然也不能少；萬一植物有些異狀，也會教你判別是蟲害還是病害，即時做好控制，讓植物都能陪伴你長長久久。

認識室內植物

室內植物的定義

　　室內植物是指栽培於室內仍然可以生長良好的植物，一般以觀葉植物為主，另外還有一些蕨類或少數盆花也可以在室內栽培。而在種類繁多的觀賞植物中，凡植物的葉形、葉色美麗而具有觀賞價值者，通稱為觀葉植物，雖然大多數的觀葉植物也能開花，但其觀葉價值遠勝於觀花價值。這類型植物原產於中南美洲、太平洋群島、東南亞、赤道非洲等溫暖地區，是來自潮濕森林底層的植物，所以喜好溫暖、潮濕，且適應蔭蔽、日照不足的環境，十分適合室內栽培應用。

室內植物的優點

　　要能成為室內植物，多半是對光線需求不大，甚至能在室內水耕，而且觀賞期長、維護方便。除此之外，根據研究顯示，現代式建築的空氣流動率低，容易致病，許多觀葉植物也擁有調節空氣濕度、清淨空氣、調適心情、修飾空間等優點，因此成為居家與辦公室綠美化的主流。

室內植物多為觀賞葉形、葉色的觀葉植物。

室內植物是天然的空氣清淨機。

🌿 常見的室內植物型態

　　選購觀葉植物時，植物的大小、形狀都是參考條件之一，還要考慮居家空間的類型與佈置風格，才能應用得宜。室內植物依照樣式，可分為直立樹型、類草型、灌木型、偽棕櫚型、攀緣蔓生型、叢生型等造型，可依需求選擇。

■ 直立樹型

擁有筆直挺立的莖幹，高度為觀葉植物中較高的，可調和四周灌木、蔓性、叢生型植物的視覺。

■ 類草型

有些葉片狹長、外型似草，如沿階草等，有些葉片較寬闊，如吊蘭等，較受到市場歡迎，能營造野趣。

■ 灌木型

株型偏圓，擁有數個地上莖，不會向上或向兩側生長，有些種類需要經過摘心步驟以維持植株美觀。

■ 偽棕櫚型

幼年時莖幹會被包覆在葉基中，成熟後的植株只有在莖幹頂端才看得見葉片，頗具熱帶風情。

■ 攀緣蔓生型

具有蔓性且耐陰的植物，會向下懸垂性、水平匍匐生長或向上攀爬，隨著攀附物體造就不同型態。

■ 叢生型

葉片密生成叢、緊密排列，圍繞著植株生長點，具有圓潤豐盛的美感，多為低矮的中小型種類。

〔 室內觀賞盆花 〕

　　大多數的觀花植物，都需要較充足的日照，不過也有些種類原本就是生長在林床下，需光性較低，即便栽培於室內或窗台，也能順利開花，例如：大岩桐、非洲菫這一類。或者是平常養在室外，利用開花期間移入室內觀賞，像是花期較長的蝴蝶蘭，還有一些球根花卉，如：風信子、中國水仙，都可用於室內觀賞盆花來佈置空間。

大岩桐可栽培於室內觀賞。

蘭花的花期長，開花時可移入室內觀賞。

植物美葉大觀園

　　觀葉植物的葉片型態多變，長、圓、鈍、尖、厚、薄各有特色，葉片顏色也會依循四季與溫度遞嬗變化，紅黃白紫五彩繽紛，特殊葉斑也是觀賞重點，斑駁潑灑各有美麗，就連葉色最常見的綠，都有深濃淺翠之分。

　　除了顏色五花八門，葉片的生長方式也是姿態各異，接著就從最簡易的單葉複葉、葉序排列來了解其生長方式。

🍃 單葉與複葉

葉片的生長方式,有單葉、複葉之分,從托葉算起只有單片葉子的為「單葉」,兩片以上的葉子(又稱小葉)則為「複葉」,而複葉又有很多不同的型態。

單葉　　　　　　　　單身複葉　　　　　　　　三出複葉

掌狀複葉　　　　　　　　　　　羽狀複葉

🍃 葉序排列

葉片的生長排列方式,也是趣味十足的觀賞點,有些對稱、有些交錯、有些層疊包覆,相當有趣。

互生　　　　　對生　　　　　輪生　　　　　叢生　　　　　覆瓦狀排列

🍂 葉片形狀

再繼續觀察葉片形狀,有些圓如盾牌、有些形如心臟…樣貌之多令人稱奇。

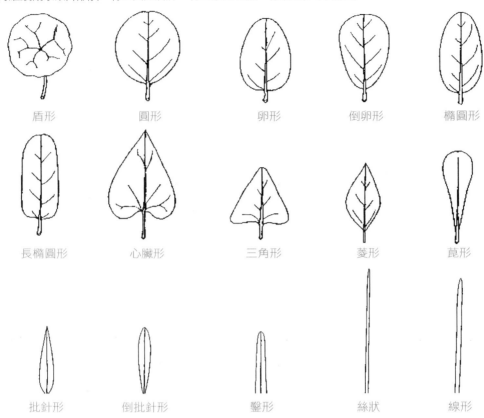

盾形	圓形	卵形	倒卵形	橢圓形
長橢圓形	心臟形	三角形	菱形	莨形
批針形	倒批針形	鑿形	絲狀	線形

🍂 葉緣形狀

葉子的邊緣稱為葉緣,有的葉緣十分平滑完整,有的則呈現鋸齒狀,開裂的程度也不同,變化豐富。

| 全緣 | 波狀 | 圓鈍齒 | 鋸齒狀 | 齒狀 | 深裂 |

　　對於葉形、葉色有更多的認識之後,在選購或照顧植物時,可多加觀察比較,這也是親近植物的樂趣之一。

選購與栽培要領

🍃 室內生長環境解析

植物的健康與生長環境息息相關，如果無法作到適地適種，再美麗的植物也會漸漸失去生氣。室內植物的生長環境，最重要的就是注意日照條件與保持透氣通風，唯有了解心愛植物適合的生長環境，才能與其和諧共存。

陰暗場所

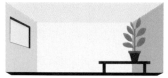

離窗戶遠，但依然有適當光線可閱讀，適合耐陰性強的植物生長，可放置2個月左右，不必移動接受日光照射。

適合植物
虎尾蘭、蜘蛛抱蛋、粗肋草、網紋草、冷水花等。

半陰暗場所

無日光直射的窗邊，或是鄰近窗口但無日光照射之處。

適合植物
薜荔、蕨類、袖珍椰子、香龍血樹、常春藤、竹芋等。

明亮卻無直射光場所

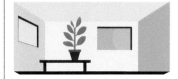

鄰近有日光直射或是無日光照射的窗邊。

適合植物
水晶花燭、椒草、蔓綠絨、孔雀木、黛粉葉、小鳳梨等。

部分時間日光直射場所

東向或西向位置，日光強烈時需稍作遮蔭。

適合植物
變葉木、吊蘭、毬蘭、虎尾蘭、朱蕉、吊竹草等。

日光充足的場所

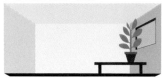

南向位置，需小心避免因日光直射造成葉燒。

適合植物
少部分觀葉如彩葉草、酢漿草與大多數草花、多肉植物。

🌿 如何選購健康的植物

觀葉植物全年皆為產季，雖然耐命好種，但是為了讓購買回家之後的照顧工作更順利，從購買時就要注意季節、植物品質等因素。

Point 1 季節

雖然觀葉植物全年都有生產，但因其多產於熱帶，喜歡高溫環境，所以春末到秋初生長最為旺盛，產量多且品質優異。

Point 2 斑葉是否鮮明？

斑葉品種應選特徵明顯的，例如黃金葛、常春藤若生產過程中光線控制得宜，葉斑顏色會愈鮮明。

Point 3 蕨類植物生長是否茂密？

蕨類病蟲害少，應選擇生長姿態茂密、葉片無黑斑點者。

Point 4 是否有嫩葉、嫩芽？

選購時，可留意植株是否生長嫩芽，有嫩芽代表植物營養輸送正常，健康有活力。

Point 5 是否有病蟲害威脅？

購買時觀察葉片是否有褐斑？葉背與莖基是否有害蟲停留或啃咬的痕跡。

Point 6 葉叢茂密圓滿？

以欣賞葉叢為主的植物，應挑選葉片茂盛、株形圓滿者，所以葉片越茂密且生長越緊密越好，但葉片不一定要大。

Point 7 同級植物越大棵越好

同種類的植物，級數相同者要選擇外型較大、健壯結實者。

Point 8 藤蔓植物莖節是否健康？

藤蔓類植物莖蔓越長者越健康，建議挑選節間緊密、莖葉無損傷、株型圓滿結實者。

Point 9 葉色是否亮麗有光澤？

主要在遮蔭棚內生產的觀葉植物，非常適應室內光線，買回家後不需要經過馴化，直接放在室內即可。葉色鮮明濃亮的植株表示光線剛好、肥料營養適當。

🍃 植物的馴化與適應

　　選購回來的植物，應放置於居家環境中，讓其先行適應新環境。選定位置之後，先觀察一周以上，如果植株有徒長現象（上下兩節葉子之間的距離越拉越大），就代表光線不足，必須移到光線更明亮之處；相反的，如果葉片或花朵有黃化焦黑的現象，代表光線太強，需要移到其他光線稍弱的地方，這個過程稱為馴化。

植物是否適應新環境，有賴細心察覺。

🍃 澆水原則與管理

　　室內的溫度、濕度變化不大，且無陽光全日曝曬，所以水分蒸發慢，澆水頻率須比戶外的植物少。為了要讓觀葉植物生長良好，水分管理上最好有乾→溼→乾→溼的週期變化，才能使土壤中有氣體流動，讓植物根部有呼吸的機會，也並非一定要每天澆水或固定澆水時間，而是要看個別植物對水分的需要。

Point 1 何時該澆水？

1. 以手插入土中約2個指節，感覺土乾再澆。
2. 葉片厚的植物較耐旱，葉片稍垂時再澆水
3. 小盆栽可拿在手上掂一下，發現變輕就澆水。

Point 2 三種澆水方法

1. 澆灌式
用尖嘴澆水壺將水澆灌於盆栽內，不會淋溼葉子，適合葉面怕濕、容易腐爛的觀葉植物。

2. 噴霧式
噴霧能使葉子保持鮮綠，並且能降低葉面溫度，適合喜歡高濕度且葉片薄的觀葉植物。

3. 浸吸式
可以直接在水盤裡灌水，但應等水盤乾了再給水，且水位高度不宜超過盆器的五分之一，以防根部浸水腐壞。

〔 嚴重缺水急救步驟 〕

　　有時忘了澆水，當發現植物乾枯疲軟，嚴重缺水時，可以觀察到土壤與盆緣產生空隙，此時要馬上施以急救法，才能救回心愛植物。

Step 1 剪除枯枝
將缺水枯死部位剪除。

Step 2 泡入水中
將植物浸泡入水中，待介質吸飽水分。

Step 3 補充介質
添加新介質入盆中。

Step 4 壓實介質
以手指壓實介質，確保呈緊密狀態。

Step 5 澆水
最後進行澆水即可。

🍃 正確施肥方法

　　當光照條件充足時，光合作用速度快，植物就需要較多肥份，陰暗處的植物肥份需求量則較少，所以室內植物在施肥頻率和次數都要少一些。肥料選擇方面，以觀葉植物專用肥為主，其中氮肥的比例較高，而促進根莖細胞壁增厚的根莖肥－鉀肥，及必要元素磷肥也都不可或缺。

Point 1 配合時機與季節

春夏是觀葉植物生長旺盛的季節，施予的肥料可以充分被吸收轉化。入秋後要逐步減少，冬季低溫及休眠期時，甚至可停止施肥。

Point 2 平時使用長效固態肥

平時只需在盆邊，或趁換盆時在盆底施放固態肥即可，可以維持數月時間。

Point 3 施肥前須先澆水

讓肥料分解的養分藉由水的作用進入植物體內，若用稀釋過的的液體肥料，則當日澆水量可減少。

Point 4 謹慎使用化學肥

使用肥料以化學肥為主，具有清潔、效果顯著的優點，但一定要適量使用，以免造成肥傷。

Point 5 不要使用有機肥

有機肥較容易有異味並引來蚊蟲，因此不建議在室內使用有機肥。如需使用，應以穴施為主，並做好覆蓋，避免不良氣味四散及招引小蟲。

固態肥料。

有機肥。

🍃 平日的修剪維護

　　幫植物進行修剪，除了維持優美外型之外，還能促進分枝，使長勢更茂盛，修剪過密枝葉，也能讓害蟲無所遁形，預防通風不良帶來的病蟲害。一般而言，多數觀葉植物不需要常常修剪，只要修去老枝、黃葉、沾染病蟲害等部份，若是盆花，則在開完花之後修剪殘花。

·摘心（以彩葉草示範）

有些植物有頂端優勢，需摘除頂芽才能刺激側芽生長，促使分枝，形成優美的株型。

摘除頂芽
捏住頂芽下第 2 個枝節，一手捏住頂芽，稍微彎折，即可折下頂芽。

頂芽摘除完成

折掉頂芽後，新的分枝會從此一芽點分生出來。

·疏剪（以腎蕨示範）

當植物生長過於茂盛，或有枯枝葉，需要進行疏剪，以免通風不良引起病蟲害。另外，適當疏剪有利於光線射入，也可讓新芽生長良好。

從近根部處剪掉枯枝、去除枯葉，使新生芽有生長空間。

·去除殘花（以長壽花示範）

開放過後的殘花應及時修剪掉，一方面是維持美觀，一方面是減少消耗植株的養分，將養分留給尚未開放的花苞，讓開花時間更長。

花朵凋萎應盡快剪除。

病蟲害管理

🍃 植物健檢與對策

　　種植在室內的植物，病害與蟲害都比戶外植物來得少，但是植物成長過程中總會遇到棘手的養護問題，不妨對照下列常見的 6 種狀況，為心愛的植物作個健康檢查吧！

狀況 1　整株枯萎

發生期	可能原因	解決對策
全年	水分不足	必須加強供水量與供水次數
全年	澆水過多	節制給水量，應乾濕分明再澆
全年	通風不良	給予通風環境與改善盆栽配置密度
春夏秋	遭受病害	找出病原，進行防治
夏秋	遭受蟲害	找出害蟲，進行防治
冬	遭受寒害	移至溫暖處，並給予防寒措施

狀況 2　整株葉面變黃

發生期	可能原因	解決對策
全年	肥份不足	補充氮元素較高的速效肥料
夏秋	日照過強	移至涼爽處，並給予遮蔭
冬	遭受寒害	移至溫暖處，並給予防寒措施

狀況 3 整株下葉變黃

發生期	可能原因	解決對策
全年	肥份不足	補充三要素平均的速效肥料
全年	水分不足	必須加強供水量與供水次數
全年	根系過密	進行換盆、換土且修除老根
全年	配置過密	改善盆栽配置空間並進行疏枝

狀況 4 全株長不大

發生期	可能原因	解決對策
全年	肥份不足	補充三要素平均的速效肥料
全年	水分不足	必須加強供水量與供水次數
全年	根系過密	進行換盆、換土且修除老根
全年	土壤變異	換土並調整土壤酸鹼值

狀況 5 葉尖及周邊有咖啡色枯萎狀

發生期	可能原因	解決對策
春夏	秋遭受藥害	大量灌水稀釋藥劑濃度
夏	溼度不足	多噴灑水霧於植株
夏	水分不足	必須加強供水量與供水次數
夏秋	日照過強	移至遮蔭處，避免中午澆水

狀況 6 葉色變淡、節間拉長

發生期	可能原因	解決對策
全年	日照不足	移至日照充足之處
全年	配置過密	改善盆栽配置空間並進行疏枝

🍃 室內植物常見的病害

植物會產生病害的原因有兩種：一為生長環境不良或栽培技術不當所引起的生理性病害；另一種是由微生物入侵植物體所引起的。如果不小心防治，病菌會散播出去影響到其他植物的健康。

・ 病毒引起的病害

■ 黑斑病

多發生在潮濕多雨的氣候。以成熟葉片較嚴重。葉片上有明顯圓形或不規則褐色斑點，周圍會有黃暈，最後導致葉子枯黃掉落。

■ 白粉病

晝夜溫差大時節易發生。多感染幼葉，亦會擴散至枝條。初期會產生紅色斑點，之後再覆蓋一層白色粉末。蔓延後植株死亡。

■ 炭疽病

好發於高溫高濕及通風不良的環境，葉片、枝條、都可能染病。初期為黑褐色凹陷病斑，會逐漸擴大成中央有壞疽的病斑。

■ 疫病

疫病菌引起之土壤傳播性病害，好發於高濕或雨後。患部初現水浸狀，組織褪色而褐變。初期保有韌度，後期開始腐敗崩潰。

・ 環境不佳引起的病害

■ 寒害

喜歡高溫的熱帶植物，因低溫而導致植物根部凍傷、或植株本身葉莖受損，甚至死亡。

■ 曬傷

植株未給予適當遮蔭而引起。嚴重時會導致葉緣、葉端、葉面出現焦黃的日燒現象。

■ 肥傷

肥份過多也會造成肥傷，特徵就是葉子變得皺皺的，嚴重時整盆葉子轉黃，植株死去。

・ 如何預防病害？

1. 購買前先檢查病害。
2. 勿讓介質過於潮濕。
3. 適當施肥給予抵抗力。
4. 天氣變化劇烈時，要注意
   植物狀態。
5. 園藝工具要消毒。
6. 保持通風、適當修剪
7. 保持土壤清潔。

・ 病害處理

1. 剪除、燒毀染病部位。
2. 噴灑藥物。

使用農藥須注意調配比例與用量。

🍃 常見的蟲害與對策

　　蟲害是園藝愛好者共同的困擾，常見蟲害包括紅蜘蛛、介殼蟲、蚜蟲、薊馬、毛蟲等，想解決問題必須先認識害蟲種類，且要能辨識其引發的症狀。

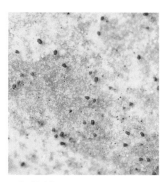

■ 紅蜘蛛

體型微小、體色紅褐，其多棲息於葉背，會用刺吸式口器刺吸葉部養分，讓葉片產生白色斑點，密度高時會變黃脫落。紅蜘蛛生長快速，易蟲滿為患，嚴重時會導致植株枯黃、落葉、落果。因紅蜘蛛好高溫乾燥，經常噴水在葉片上有驅趕效果。

■ 介殼蟲

體型微小，種類繁多，又分為有殼及無殼，多半附生在植物的葉片、葉鞘、莖部及根部，以口器刺入植物吸食汁液，導致受害葉片枯黃、脫落。整年可見，以初夏及秋季最多。發現時可用牙刷沾肥皂水刷除，注意避免蟲體飄散到其他植株。

■ 蝸牛

喜歡陰濕環境，多半啃食植株的嫩葉、莖及新芽，爬過之處會留下透明黏液。白天躲在盆土下或是盆下出水口，夜間或陰雨天才會出沒，在高溫多雨的環境活動頻繁。平時需隨時清除雜草，並避免過於潮濕；可用以咖啡渣、苦茶粕等天然防治劑驅除。

■ 毛蟲

通常是蛾類或蝶類幼蟲,但蛾類幼蟲比例較高。會啃食葉子及嫩莖,讓植株變得坑坑洞洞。有些會吐絲讓葉片包捲起來,有些會留下白色彎曲線條,使葉片逐漸捲曲。因蟲體大且行動緩慢,可直接進行抓除,並剪除被危害的葉片。

■ 蚜蟲

蚜蟲在高溫多濕以及不通風的情況下最容易發生,除了直接傷害植物之外,也會導致媒病產生。一旦發生,馬上剪除有蟲的部位,亦可使用黃色黏板或水盤誘殺。由於繁殖力很強,一年可繁殖二十多代,所以當一發生要盡快控制。

· **如何預防蟲害?**

1. 購買前先檢查葉片有無蟲咬痕跡,若有黃葉、枯萎、失去活力的現象,應避免選購。
2. 放置植物的位置必須通風良好。
3. 定期噴灑驅蟲劑。
4. 切勿施廚餘與有機肥,以免招來蚊蟲。

· **常見的天然驅蟲材料**

取 6~8 瓣蒜頭去皮,和 1、2 根辣椒一起切碎,加入 600cc 的水,放進噴霧罐中搖勻噴灑,就是居家植物的驅除劑。

將洗衣粉、肥皂水稀釋後噴灑於葉片上,可以消滅蟲害,10 分鐘後再以清水洗淨,以免嫩葉受損。

室內植物病蟲害較少,盡量使用天然的驅除劑。

室內植物佈置概論

Part ②

居家或辦公空間，即使有舒適的裝潢與設備，少了綠意的點綴，就像脫離了自然的懷抱一樣。所幸室內植物可以耐受光線較弱及光照度較低的環境，甚至部分植物也能在窗台等明亮處生長開花，或者在花期移入室內欣賞，讓起居空間常保蓬勃生機、綠意盎然。本篇就以大量的實例，圖解說明如何運用室內植物，佈置家裡、辦公室的空間。

居家空間
綠設計
客廳

客廳是日常生活起居的主要場所，通常客廳的採光也比居家的其他空間更好，經常有落地窗、大窗戶、或者前陽台，因此客廳能選擇的植物種類最廣。且因空間足夠，從擺在地面的大型植物盆栽，到點綴邊桌、茶几、層板的中小品盆栽都可嘗試擺設，讓家人或賓客在此空間，有更舒適放鬆的互動氣氛。

客廳適合擺設植物的位置

1 電視機矮櫃　2 茶几　3 展示櫃或層架

4 玄關　5 落地窗邊或窗台　6 沙發轉角或角落

Place 1 　電視機矮櫃

現今電視機的尺寸愈來愈大,可依據櫃面上剩餘空間,在電視機單側或兩側擺放植物。建議選擇葉面寬闊而色彩單一的觀葉植物,以達到放鬆視覺的效果。如葉面有斑紋變化或呈箭形,則在觀賞電視時,易有干擾或刺眼的疲勞感。

建議植物

翡翠木 (P.142)　椒草 (P.78)　　腎蕨 (P.92)
山蘇 (P.140)　　蔓綠絨 (P.120)　鈕扣蕨 (P141)

↑在電視機附近擺設綠色植物,也有舒緩眼睛疲勞的效果。

Place 2 　茶几

擺放於茶几上的盆栽不宜過大、過高,以免阻礙觀賞電視的視線,以及佔用太多擺設物品的空間。建議的盆栽尺寸約為桌面對角線長度的 1/3,這是最能達到視覺和諧的比例。

↓如為側邊茶几,則可選擇中型盆栽或蘭花,有柔和沙發休憩區的作用。

建議植物

黃金葛 (P.176)　　網紋草 (P.96)　　鐵線蕨 (P.106)
種子盆栽 (P.109)　蘭花 (P.202~209)　聖誕紅 (P.210)
中國水仙 (P.224)　風信子 (P.232)　　仙客來 (P.228)

←沙發前方茶几上的植物大小、高度,需考量是否會遮擋觀看電視的視線。

Place 3 展示櫃或層架

牆面上的收納展示櫃或層架，因具有一定高度，可以選擇具有垂墜生長特性的植物，除了修飾櫥櫃生硬的線條，隨著植物生長、枝條蔓延，演繹出生動的牆面風景。其他類型的植物，則可預留生長空間，盆栽大小不要填滿整個櫃子。

建議植物

黃金葛 (P.176)	常春藤 (P.174)
薜荔 (P.190)	鹿角蕨 (P.178)
黃金錢草 (P.189)	毬蘭 (P.198)
垂葉武竹 (P.183)	鈕扣藤 (P.193)
椒草 (P.78)	

↑ 選擇與櫃子材質搭配的盆器，並栽種高度合宜的植物。

Place 4 玄關

玄關是一進家門最先映入眼簾的區域，也是賦予賓客第一印象的地方。通常玄關處沒有窗戶，光線也不易直接照射，所以適合耐陰植物。加上空間不大，故以中小型盆栽為主，可以擺設在鞋櫃、收納櫃上，或者入口旁的地面，甚至是以吊盆來佈置玄關，不僅節省空間，也有立體點綴的效果。

建議植物

馬拉巴栗 (P.124)	山蘇 (P.140)
蘭花類 (P.202~209)	白鶴芋 (P.214)
腎蕨 (P.92)	美人蕨 (P.139)
蔓綠絨 (P.120)	鹿角蕨 (P.178)
水晶花燭 (P.116)	

↑ 玄關的植物可挑選枝葉開展的類型（如圖中為白花天堂鳥），有迎賓的意象。
（圖片提供：昇煬設計 × 寓菜室內裝修）

落地窗邊或窗台

光線明亮的落地窗邊或窗台,非常適合需光性較強的
植物,甚至是會開花的植物。放在地面上的搭配中型
盆栽;放在窗台上的可以擺設多盆,以柔化窗台的內
外界線感,甚至是在窗台邊使用吊盆,創造自然簾幕
的效果,也讓植物有高低層次的變化。

建議植物

* **盆栽**:粗肋草 (P.156)　　山蘇 (P.140)
　　　蜘蛛抱蛋 (P.138)　美人蕨 (P.139)
　　　變葉木 (P.112)　　仙客來 (P.228)
　　　麗格海棠 (P.220)　長壽花 (P.231)　非洲菫 (P.216)
* **吊盆**:黃金葛 (P.176)　　串錢藤 (P.197)　兔腳蕨 (P.181)
　　　常春藤 (P.174)　　吊蘭 (P.184)　　毬蘭 (P.198)
　　　黃金錢草 (P.189)　薜荔 (P.190)　　百萬心 (P.196)

↑在窗台擺放盆栽,看著植
物沐浴陽光,頗有欣欣向榮
之意。

↑光線明亮的位置,可選擇需光性較強的植物。

Place 6 沙發轉角或角落

L 型擺設的沙發轉角,或者客廳的角落,沒有阻礙行走動線的問題,是最適合擺放植物來美化空間的地方。建議挑選中、大型盆栽,讓顯眼的植物成為客廳的視覺焦點,家人互動或接待賓客,都能有懷抱大自然的舒適感。

建議植物

千年木 (P.168)	虎尾蘭 (P.102)
酒瓶蘭 (P.135)	馬拉巴栗 (P.124)
粗肋草 (P.156)	白鶴芋 (P.214)
硃砂根 (P.146)	王蘭 (P.171)
福祿桐 (P.152)	朱蕉 (P.131)
印度橡膠樹 (P.160)	琴葉榕 (P.161)

↑一株大型植物,就能改變客廳的氣氛。
(圖中為酒瓶蘭)

〔 客廳盆器搭配建議 〕

　　客廳是居家主人呈現風格與喜好的重要空間，依據裝潢風格、家具的色調材質，選搭相襯的盆栽花器，讓整體氛圍融合協調。

※現代簡約風客廳搭配花器
現代風客廳，適合顏色與線條乾淨、造型簡單的花器，陶瓷、玻璃材質為主，植物則可大膽選擇葉色濃、斑葉或盆花，為空間增添視覺點綴。

※北歐風客廳搭配花器
北歐風建議使用白色或淺色系花器，造型則可挑選摩登前衛一些，為空間注入設計與品味感。

※鄉村風客廳搭配花器

在溫馨的鄉村風空間,歐風陶盆、木桶、素燒陶、馬口鐵澆水壺,甚至是手感刷白的木箱、廚房器皿,都可用來栽種盆栽,展現濃濃的生活感。

※古典風客廳搭配花器

著重精雕細琢的古典風裝潢,在植物的選擇上,可以葉形葉色純淨為首選,再搭配做工較為精緻,有雕刻花紋的盆器,以免整體過於凌亂。

※東方禪風客廳搭配花器

為呼應沉穩的禪風,花器不宜花俏,以陶器、質樸色系為主,或可利用茶具、竹籠、藤編籃作為花器。植物也可挑選樹型簡單、線條雅致的為主。

<table>
<tr><td>居家空間
綠　設　計
——
臥　室</td><td>為了營造臥室安靜舒適的休息環境，室外的光線通常會被窗簾遮蔽部分採光，人工光源也以柔和的色調為主。再者，臥室的空間相對較小，並不適合擺放大型或姿態堅硬、帶刺的植物。建議以具有輕柔芬芳氣息的植物為選擇。</td></tr>
</table>

圖片提供：昇燩設計 × 寓茶室內裝修

🍃 臥室適合擺設植物的位置

1 床邊矮櫃　　2 窗台窗邊　　3 五斗櫃　　4 梳妝台

Place 1　床邊矮櫃

床邊的矮櫃十分接近睡眠的位置，適合擺放枝條、葉形柔和的植物。如有檯燈或閱讀燈，照映在植物上，也可以給人放鬆的感覺。至於尖銳或者氣味過於濃郁的種類，容易干擾睡眠，應該避免。

↑葉片柔軟的蕨類植物，可帶出溫暖的舒眠感。

建議植物

蝴蝶蘭 (P.202)　文心蘭 (P.208)　大岩桐 (P.218)
冷水花 (P.94)　單藥花 (P.98)　種子盆栽 (P.109)
鳳尾蕨 (P.107)　腎蕨 (P.92)　網紋草 (P.96)

↑優雅的蘭花，放在柔和的臥室空間中，更能突顯其質感。盆栽尺寸也不宜過大。

↓迎風吹來淡淡香氣的花卉，是最天然的紓壓芳療。

Place 2　窗台窗邊

臥室如有窗台，可以選擇具有芬芳的盆花，如：仙客來、風信子、春蘭等。進入炎炎夏日也可放置觀葉植物，增添清爽氣息。由於臥室採用的色調通常較淺，挑選的植物色系也以清雅為主，整體較為協調。

建議植物

大岩桐 (P.218)　風信子 (P.232)　非洲堇 (P.216)
仙客來 (P.228)　毬蘭 (P.198)　文竹 (P.74)
腎蕨 (P.92)　虎耳草 (P.77)　冷水花 (P.94)

←臥室的光照通常不太夠，需光性較少的觀葉植物很適合擺設於窗邊。

五斗櫃有一定的高度，在此放置盆栽，很容易成為視覺焦點，也有美化後方牆面的效果。依據五斗櫃大小，挑選中型左右的盆栽，再搭配擺設相框、裝飾品，或異國紀念品，就能為該牆面形成一幅獨特的風景。

建議植物

鐵線蕨 (P.106)　黛粉葉 (P.117)　水晶花燭 (P.116)
黃金葛 (P.176)　兔腳蕨 (P.181)　葛鬱金 (P.126)

↑植物、花器與五斗櫃、陳列物的色調質感一致，串聯成優美的平台區塊。

梳妝台上面經常充斥著小姐、女士們的瓶瓶罐罐，放置一兩盆可愛的小型盆栽，在此梳妝打扮也能增添好心情。由於平台較低的關係，如不喜歡看到土表的土壤，可鋪上白色小石頭或發泡煉石來做美化，或是選擇水耕植物。

建議植物

彩葉芋 (P.68)　　網紋草 (P.96)　　嫣紅蔓 (P.101)
冷水花 (P.94)　　油點百合 (P.72)　孔雀薑 (P.103)

〔 臥室盆器搭配建議 〕

　　臥室為安靜舒適的休息空間，柔和不刺眼的光線和佈置元素都是最基本的要件，因此植栽盆器也建議選擇外形圓滑、沒有銳角的樣式，營造出可以完全鬆懈的安全氛圍。

餐廳是緊鄰客廳的另一個社交空間，採光度稍弱於客廳，但若是輔助燈光充足，仍然可以擁有綠意盎然的植栽佈置。適合擺設盆栽的位置有餐桌與旁邊的櫥櫃，若鄰近角落位置，也可在角落地面放置盆栽。

🍃 餐廳適合擺設植物的位置

1 餐桌　　2 櫥櫃

餐桌是用餐互動的地方，點綴的盆栽大小、高度，以不阻礙與對面的人交談為原則，並挑選葉色較清淡的種類，營造輕快的用餐氣氛。正值開花的盆花也可擺設欣賞，並在花謝時就移走，避免在餐桌上看見花朵凋零的畫面。

建議植物

仙客來 (P.228)　　粗肋草 (P.156)
黛粉葉 (P.117)　　大岩桐 (P.218)
蔓綠絨 (P.120)　　黃金葛 (P.176)
白鶴芋 (P.214)　　腎蕨 (P.92)
翡翠木 (P.142)　　山蘇 (P.140)

↑餐桌靠牆時，盆栽可擺放在側邊。注意盆栽大小合宜，盡量避免會看到土壤。

←餐桌上的植物應避免味道濃郁、葉形葉色繁複的種類，才不會搶了餐點風采。

Place 2 櫥櫃

餐桌附近的櫥櫃或置物架,常用來收納餐具、茶具、罐頭、調味料…,建議可以留些空間不要擺滿物品,安插一兩盆中小型的盆栽,便能緩和置物架給人的混雜厚重感。

建議植物

仙客來 (P.228)	粗肋草 (P.156)
黛粉葉 (P.117)	山蘇 (P.140)
蔓綠絨 (P.120)	黃金葛 (P.176)
觀葉秋海棠 (P.143)	水晶花燭 (P.116)
翡翠木 (P.142)	鳳尾蕨 (P.107)

↑餐桌和櫥櫃上的盆栽花器質感、色調,也可做整體搭配,較為協調。

〔 餐廳盆器搭配建議 〕

　　用餐空間的植物,可選擇沒有孔洞的盆器,以套盆方式來栽培,如此澆水時就不會有泥沙流出,汙染餐桌的問題。盆器外觀上也可挑選類似壺、碗、杯盤的造型,讓植物也有如綠色菜餚,與餐廳的食器、餐點充分融合。

廚房是最直接聯繫著家人飲食健康的空間，即便主要功能是烹調菜餚，對於時常下廚或者喜愛做烘焙的人而言，一天也花費許多時間在廚房內。因此不妨在廚房擺些盆栽，油煙與黏膩感，也會因為植物的點綴而減輕不少。

廚房適合擺設植物的位置

1 流理台　2 櫥櫃　3 窗台

流理台

流理台是烹煮食物的地方,挑選盆栽時,要避免容易落葉或有花粉的植物,以免跟著菜餚一起烹煮了。另外也可選擇葉片較厚的種類,如葉片上有油膩感,厚實的葉片較耐清洗擦拭,以免葉片上的氣孔被阻塞,影響植物的生長。

建議植物

彩葉蚌蘭 (P.91)	灰姑娘 (P.100)
翡翠木 (P.142)	馬拉巴栗 (P.124)
葛鬱金 (P.128)	觀音蓮 (P.114)

↑流理台的角落或側邊,非常適合擺放盆栽,不會影響作菜。

櫥櫃

櫥櫃收納的廚具、鍋碗瓢盆,經常是不鏽鋼、玻璃、瓷器材質,不免給人冷冰冰的感覺。挪出部分空間,放置造型趣味的盆栽,就可以讓立面櫥櫃也有了生動的表情。作菜之餘,幫盆栽澆澆水,也別有一番樂趣。

建議植物

合果芋 (P.70)	袖珍椰子 (P.85)	種子盆栽 (P.109)	彈簧草 (P.99)	鳳尾蕨 (P.107)
黃金葛 (P.176)	觀葉秋海棠 (P.143)	水晶花燭 (P.116)	翡翠木 (P.142)	

↓櫥櫃的空位,或者利用吊掛盆栽方式,都可讓牆面增添綠意。

↑在窗台栽種食用盆栽，可享受現採現吃的樂趣。

Place
3 窗台

假如廚房有採光的窗台，還可以栽種香草、香料植物，一方面觀賞、一方面還能摘取入菜，有雙重的功效。甚至是蘿蔔頭、蒜頭的根部也能廢物利用，將它們浸在淺盆中，也能萌生綠葉，當作觀賞盆栽。

建議植物

大岩桐 (P.218) | 風信子 (P.232)
非洲堇 (P.216) | 絨葉小鳳梨 (P.90)
銅錢草 (P.104) | 嫣紅蔓 (P.101)
細葉卷柏 (P.76) | 鐵線蕨 (P.106)
冷水花 (P.94)

〔 廚房盆器搭配建議 〕

廚房裡不再使用的食器、烘焙模具、空罐頭、瓶瓶罐罐，都可以拿來當作盆器，讓盆栽看起來格外有趣。日後如沾染油煙不易清洗，就可以直接汰換。

居家空間綠設計 — 書房

書房是屬於沉思、閱讀、創作的地方，書房的綠化應以清新、雅緻、穩重為考量。選擇的植物造型以簡單大方為原則，以免干擾思緒。加上書房的採光或人工光源充足，因此可挑選需光量較高的植物，為書房注入一股充沛的活力感。另外像是文竹、萬年竹也有很好的寓意，非常適合擺在書房。

🍃 書房適合擺設植物的位置

1 書桌　　**2** 書櫃　　**3** 窗台

Place 1 書桌

書桌上常有檯燈,照明效果特別強,熱度也因檯燈而較高,選擇的植物可以考慮耐熱、喜陽的類型,像是多肉植物、仙人掌類。眼睛使用電腦、3C用品,或閱讀疲勞時看一下植物,可以舒緩疲累感。

↑利用書桌上的照明,也可補充植物需要的光線。

↑書桌上放置綠色的觀葉植物,案頭忙碌之時可以隨時瞥見綠色活力。

建議植物

椒草 (P.78)	空氣鳳梨 (P.88)	油點百合 (P.72)
馬拉巴栗 (P.124)	酒瓶蘭 (P.137)	開運竹 (P.136)
大岩桐 (P.218)	翡翠木 (P.142)	袖珍椰子 (P.85)

Place 2 書櫃

擺滿書籍的書櫃,難免給人沉重窘迫的感覺,不妨將幾本喜愛的書籍封面朝外,或者放個相框、安插幾盆植物,就能緩和書櫃的重量。書櫃裡面相對光線沒有那麼明亮,可選擇較為耐陰、枝條柔軟、顏色不要太重的觀葉植物,甚至是具有垂墜性的藤蔓類,以柔化生硬的書櫃線條。

↑簡單明亮色系的盆器,讓書櫃感覺變親切。

建議植物

椒草 (P.78)	空氣鳳梨 (P.88)
彩莧草 (P.84)	細葉卷柏 (P.76)
常春藤 (P.174)	火鶴花 (P.212)
黃金葛 (P.176)	長壽花 (P.231)
蔓綠絨 (P.120)	

↑垂墜性的常春藤、黃金葛,適合放在書櫃上方。

↑窗台可以多放幾盆小盆栽，再加上喜愛的擺飾來美化窗景。

Place
3 窗台

眼睛疲勞時從窗台望向窗外，如果有盆栽，即使窗外是市區街景，也能令人感到一股清新綠意。而且窗台是光線最好的地方，可以選擇需光量稍高的植物，甚至是用吊盆的方式，讓飄垂的綠葉隨風擺動，形成怡人的窗景。

建議植物

單藥花 (P.98)	聖誕紅 (P.210)
非洲菫 (P.216)	吊蘭 (P.184)
椒草 (P.78)	變葉木 (P.112)
葛鬱金 (P.126)	黛粉葉 (P.117)
垂葉武竹 (P.183)	

←運用小花房的方式裝飾盆栽，也別有一番風情。

〔 書房盆器搭配建議 〕

書房是要靜下心思的空間，盆器顏色、造型簡單不花俏，才不會過度刺激視覺，也更能將焦點放在植物上面，達到舒緩眼睛疲勞的目的。

浴室的空間通常相對狹窄，而且濕度高、可能被水噴灑、沐浴時溫度急速上升，所以在選擇植物時，具有耐陰耐濕本領的蕨類就特別合適。葉片上有絨毛的、喜好乾燥環境的種類則應避免。適當的綠化浴室空間，可讓每天盥洗、如廁、泡澡的時光，增添幾分愜意。浴室如果較為陰暗，已低於植物所需要的最低光線需求量，建議準備兩組植物，每個禮拜輪流將植物移到光線充足處栽培，較有利於植物健康生長。

浴室適合擺設植物的位置

1 收納層架
2 洗手台
3 窗台、平台

Place

1 收納層架

浴室中用來陳列保養、清潔用品的層架，放上一、兩盆綠色植物，就能讓置物空間為之一亮。可盡量挑選常綠少落葉的種類，如果位置較高，也適合擺放垂懸植物，其姿態和噴灑清水剛好做呼應，也能營造輕快洗滌的感覺。

建議植物

彩葉芋 (P.68)　　　鳳尾蕨 (P.107)
水晶花燭 (P.116)　海岸擬茀蕨 (P.123)
觀音蓮 (P.114)　　吊蘭 (P.184)

↑直接把植物投入漱口杯當花器，與浴室更為融合，再利用層架上方空間擺放植物，可選擇葉片質地輕盈的類型。

2 洗手台

洗手台周邊，常有許多梳洗用品，在不妨礙拿取用品的邊角處，可擺設小型盆栽，早晨一邊洗漱、一邊看著有活力的植物，自然而然打起精神，迎接一天的開始。盆器則可以和漱口杯、肥皂盒做一致的搭配。

建議植物

椒草 (P.78)　　　冷水花 (P.94)
合果芋 (P.70)　　油點百合 (P.72)
網紋草 (P.96)　　孔雀薑 (P.103)
彈簧草 (P.99)　　細葉卷柏 (P.76)
觀葉秋海棠 (P.143)

↑色系柔和的蘭花，點綴在洗手台角落，蜿蜒的花莖曲線，更顯從容優雅。

浴缸旁邊若有平台，或者是窗台，也可以試著擺設盆栽。若容易淋到水，就選擇耐濕耐陰的蕨類或水耕植物，較容易照顧。洗澡時順便幫植物澆水、沖洗灰塵，感受著植物被洗滌、喚醒，也是一種紓壓的綠色療癒。

建議植物

腎蕨 (P.92)	虎尾蘭 (P.102)
袖珍椰子 (P.85)	山蘇 (P.140)
火鶴花 (P.212)	蔓綠絨 (P.120)

↑淋浴或泡澡的地方有植物相伴，有一同被洗淨的輕快感。

←浴室窗台的植物不宜過高，以免阻擋過多採光。

〔 浴室盆器搭配建議 〕

　　浴室裡的盆栽，造型上可以和浴室的功能相呼應，例如灑水壺、馬口鐵提筒、類似肥皂盒的淺盆花器，甚至是漂亮的清潔保養品瓶罐，用完之後也可以拿來當做套盆，增添幾分綠化佈置的個人巧思。

商辦空間綠設計 辦公室

辦公室是屬於密閉性較高的環境，長時間待在裡面，許多人會出現「病態建築症候群」，像是頭痛、過敏、容易感冒、皮膚乾燥發癢、容易疲勞、嗜睡、無法專心等生理不適。這些症狀大部分和建築物內的空氣汙染有關。根據研究，利用擺設室內植物，就能減少落塵、二氧化碳、調節空氣濕度，因此非常推薦在辦公室栽培室內植物，使工作環境更為舒適、健康。

🍃 辦公室適合擺設植物的位置

1 辦公桌　2 會議室　3 事務區　4 茶水間 / 用餐區　5 窗台

Place 1 辦公桌

辦公桌是內勤人員使用率最高的地方，利用桌面或層架空位擺設植物，隨時幫我們淨化周遭空氣，看著也能使沉重的工作壓力舒緩不少。不過辦公桌大多只有人工光源，要選擇較耐陰的植物。

↑辦公室是除了家以外的主要活動空間，案頭上的綠化投資是很值得的！

↑沒有任何植物的會議室，感覺嚴肅冰冷。

→利用角落放置中大型植物，讓綠化效果更突出。

Place 2 會議室

會議室通常使用白光照明，感覺較為正式、嚴肅，若在桌面或角落擺設植物，可稍稍緩和氣氛，提振思考力。中大型盆栽可選擇枝幹健壯、樹姿穩重的類型，表現大器風範。桌面上的盆栽，則要注意高度，不宜妨礙交談的視線與桌面作業。

Place 3 事務區

辦公室事務區的影印機、列表機,在使用時會釋放臭氧與揮發性有機物,對人體呼吸道有強烈的刺激性,並影響中樞神經系統。在事務區放置合適的植物,不僅是綠化,更可幫助吸收或吸附這些毒害物質。

↑在封閉室內使用事務機,產生的臭氧污染甚至比戶外還嚴重。

Place 4 茶水間 / 用餐區

茶水休憩區是員工倒茶水、泡咖啡、熱便當的小憩空間,雖然匆匆來去,但卻是獲得片刻輕鬆的場所。在此區域擺設盆栽,可選擇形貌有趣、顏色鮮綠的類型;盆器也就不用過於拘泥,漂亮的飲料罐、馬克杯都可善加運用,打造一個能卸下工作壓力的區域。

↑桌面、牆角、飲水機、咖啡機周遭,都可擺設植物。

辦公室的天花板、磁磚、隔音與隔熱設備，經常充滿石綿，若含石綿的物質品質不佳，又細又輕的石綿纖維就會散入空氣中。一旦我們吸入石綿纖維，即可能傷害氣管、肺部，造成矽肺病等。因此，利用閒置的窗台空間，多加擺設植物，將有助於吸附塵埃與有毒物質，保護呼吸道健康。

↑當日照從窗台灑到植物上，讓人感到滿滿的活力感。

↑利用窗台擺設數盆植物，並搭配不同的盆器，拼湊出熱鬧的綠色風景。

辦公室建議植物

腎蕨 (P.92)	粗肋草 (P.156)
火鶴花 (P.212)	香龍血樹 (P.167)
常春藤 (P.174)	虎尾蘭 (P.102)
竹芋 (P.126)	袖珍椰子 (P.85)
印度橡膠樹 (P.160)	網紋草 (P.96)
白鶴芋 (P.214)	馬拉巴栗 (P.124)
吊蘭 (P.184)	長壽花 (P.231)
仙客來 (P.228)	聖誕紅 (P.210)
非洲菫 (P.216)	彩葉蚌蘭 (P.91)

〔 綠手指 Tips 〕

建議每隔一兩周，以濕潤的抹布擦拭葉面及葉背，去除滯留在氣孔上的灰塵，以確保滯塵效率。

Part ③

室內植物
圖　　鑑

本篇收錄 120 種室內植物圖鑑，並依照各植物在花市裡面販售的尺寸型態，分成：〔纖細點綴－3～5吋小型觀葉植物〕、〔中型空間－5～7吋中型觀葉植物〕、〔空間焦點-1呎以上大型植物盆栽〕、〔垂墜綠意-吊盆、壁飾的觀葉植物〕、〔室內賞花-可在室內觀賞的盆花〕共5大類，方便您依據要做綠意佈置的空間大小及位置，挑選出合適的植物。

纖細點綴

3 ～ 5吋小型
觀 葉 植 物

🍃 小型觀葉植物擺設要領

　　生活在狹窄的水泥叢林裡，想要為自己闢一方能夠呼吸的綠意天地，就得善用狹小的瑣碎空間。舉凡辦公桌上、窗台轉角、餐桌角落、流理台畔、書架、浴室洗臉台……等容易被忽略的小角落都能利用。這些從大空間中解離出的小地方，就利用3～5吋小型觀葉植物來填補，在隨意平視的各個角落裡，埋入一個親近自然的契機。

🍃 推薦植物Top5

▣ 椒草

推薦原因
葉形葉色千變萬化，容易與空間搭配。對環境適應力強，少有病蟲害。

▣ 冷水花

推薦原因
葉片質感與眾不同，生長快速又耐陰，室內栽培僅靠燈光就可正常生長。

▣ 虎尾蘭

推薦原因
夜晚會吸收二氧化碳，產生氧氣。即使疏於照料仍生長良好。

▣ 彩葉芋

推薦原因
葉片斑斕多彩，佈置於空間點綴效果強，且耐候性強，容易照顧。

▣ 空氣鳳梨

推薦原因
可無土栽培，隨喜好擺設在碟盤、框架或吊掛，且噴霧即可生長。

彩葉芋
Caladium

● 科別：天南星科
● 光線需求：半日照
● 澆水頻率：土乾澆透

　　薄如紙張的盾狀葉，是彩葉芋屬的特徵，它原產於熱帶美洲，是球根性的觀葉植物，冬天會進入休眠期。彩葉芋擁有色澤圖案各異的葉片，在春末秋初最為美麗，有紅色、橘色、銀白斑點或潑墨狀，也有脈紋美麗、葉緣缺刻的品種，斑紋會因栽培環境差異產生不同變化。加上育種公司致力於培育出色彩變化更豐富的園藝品種，所以彩葉芋可以說是天南星科裡面，葉片最亮麗的一族。

✿ 栽培方式

彩葉芋耐高溫高溼，大多數種類喜好半日照環境，少數品種能忍受全日照。介質方面，建議選擇排水性佳、富含有機質的肥沃沙土或腐葉土。使用的肥料氮肥不宜太高，以免讓美麗的色彩消失，轉回綠色的葉片。秋末之後，葉片漸漸褪色枯萎，此時應減少澆水施肥，放置的地點不宜低於10℃以下，以免凍傷死亡，等待翌年春天會再恢復生長。

✿ 佈置應用

葉片極具特色、充滿涼意的彩葉芋，無論單株種植或組合都有很好的色彩效果，大葉品種可作單盆觀賞，小葉品種可作為組合盆栽。中等高度的彩葉芋，可搭配略高的觀葉植物如佛手芋，再以常春藤、薜荔等垂懸植物作點綴，就能打造層次分明的視覺效果，套用白色瓷盆更顯姿態高雅。

彩葉芋品種大觀

葉色變化極為豐富的各式彩葉芋品種。

合果芋
Syngonium

● 科別：天南星科
● 光線需求：陰暗、半日照
● 澆水頻率：保持介質潮濕

　　多年生常綠蔓性觀葉植物，原產於熱帶美洲，有20幾個原生種，園藝品種很多。它的特性是葉子會隨著成長產生變化，幼葉呈箭頭形之單葉，日漸成長後，葉片會形成掌裂，逐漸分裂成三叉，多至七、八個分叉，形狀完全改變，幾乎讓人認不出來。

[綠手指 Tips]

　　汁液中含大量草酸及特殊的二次代謝物質，不慎接觸皮膚，體質較為敏感的人會有燒灼感，應立即用大量清水沖洗。

✿ 栽培方式

耐陰性強，陰暗到半日照皆可。一般園藝品種不能直接曬太陽，否則葉片會曬傷。原始的綠葉品種可以逐漸適應全日照的環境。不耐旱，乾燥缺水會生長不良，春、夏、秋為生長期，應常保介質溼潤但盆底不可積水，也要避免從植株頂部澆灌。

✿ 佈置應用

合果芋擁有數十種品種，葉子形狀大小不一，葉色有斑紋、斑塊、全綠等差異，葉脈也有紅脈、白脈等變化，擁有多樣的表現方式。耐陰耐濕的合果芋單株可茂密生長，最簡單的方法就是室內水耕，欣賞葉片與裸根的純粹之美。

合果芋品種大觀

■ **原種合果芋**
原種的合果芋，葉片上沒有特殊的色彩分佈，成年葉為三出複葉。

■ **綠精靈**
又名迷你綠精靈合果芋，為市場上最小型的品種。

■ **銀蝴蝶**
又名白葉合果芋，是葉面全白的品種，葉心形，葉緣為綠色。

■ **粉紅佳人**
又名紅蝴蝶、粉彩合果芋。葉色帶淡粉紅色，偶帶黃綠。

■ **愛玉**
又名金玉合果芋、玉蝴蝶、花蝴蝶等名。

■ **白蝴蝶**
為十分常見的品種，又名白蝶合果芋、白紋合果芋。光線太暗，會轉為綠色。

油點百合

Drimiopsis

- 科別：風信子科
- 光線需求：半日照
- 澆水頻率：土乾透再澆水

■ 小葉油點百合

原產於南非，葉色濃綠且帶有雨點油漬狀斑紋，是多年生草本植物，肥短的球狀根莖稍帶紅色，呈現酒瓶狀，模樣可愛，春夏時節為花期，會綻放0.3公分左右的迷你綠色花朵，細小花卉不具觀賞性，厚實帶斑紋的葉子與球狀根莖才是觀賞重點。品種有長葉、小葉、匙葉等變化，冬季會有枯葉休眠的現象。

✿ 栽培方式

喜好光線，但不可讓陽光直射。若是光照條件充足，葉色為健康的濃綠，斑紋也很明顯，弱光處的油點百合植株軟弱徒長，葉片窄長，葉色斑紋也會黯淡消褪，嚴重時還會導致植株倒伏及葉片掉落。平時可觀察抽出的新葉，若是比老葉寬大色淺，就是光照不足。水分供給方面，因油點百合耐旱怕濕，土乾透再澆水即可。

✿ 佈置應用

　　油點百合與匙葉油點百合，擁有拓印般的葉子、美麗的紅色球根，本身就有著層次感，種植一段時間之後，可長成5吋盆大小，將10～20株植株群組在一起，便能呈現叢生之美。另一品種小油點百合，外型小巧可愛，很適合用來作組合盆栽，不僅可與其他觀葉植物搭配，葉片肥厚帶斑的特色，讓它也能與多肉植物組合設計。

油點百合品種大觀

　　油點百合約有40餘品種，大葉油點百合、黃金油點百合、紫背油點百合…等，因葉片觀賞性佳，在市場上的能見度高。

■ 大葉油點百合

■ 大葉油點百合（斑葉變種）

■ 大葉油點百合
弱光下斑點會消失或較不明顯。

■ 大葉油點百合的花序

文竹
Asparagus

● 科別：百合科
● 光線需求：半日照
● 澆水頻率：土稍乾便澆水，保持濕潤

飄逸的文竹，加上底部卷柏的組合盆栽。

❀ 栽培方式

　　適合栽培於有部分光照或者明亮的散射光，避開直接的強烈日照，以免葉片會被曬傷。若澆水不足或環境過於乾燥，葉片容易變黃及落葉，需注意補充水分。若環境溫度過低，則生長停頓並容易落葉。當老葉變黃，可將老葉剪去，以維持外觀美麗。

❀ 佈置應用

　　文竹多為3吋小品盆栽，搭配質樸的陶盆可散發迷你竹子的雅緻，放置於書桌、書架、茶几上面都可營造清新脫俗的文雅居室。

　　文竹原產於非洲南部，屬多年生草本植物。葉片質感柔細優美，幼株時莖較直立，枝節似竹，成株後蔓生下垂，常作為捧花的襯底葉材，所以又稱新娘草。

斑葉絡石

Trachelospermum

- 科別：夾竹桃科
- 光線需求：半日照
- 澆水頻率：盆土稍乾即可澆水

絡石原產於東亞地區，葉片為綠色，是常綠藤本植物，台灣山區也可見到它的蹤影，莖蔓與氣生根攀爬生長，能夠絡住石頭，而得其名。

絡石適應性強，病蟲害少見，經過日本選育之後，而產出美麗的葉色變化，市面品種常見兩種葉色，一種葉色混雜有綠白粉紅，另一種葉色則混雜綠橘黃。枝條細長，幼枝呈粉紅色，橢圓形葉對生，最大的特色是新葉會有白或粉紅等色，並擁有斑點與斑紋，葉色柔美細緻。

✿ 栽培方式

生長勢佳、繁殖容易，喜好半日照的遮蔭環境，光照不足易使枝條徒長且葉色轉綠，失去觀賞價值，光照太強會使新葉曬傷。具有耐旱性，但供水充足時，生長發育較好。

✿ 佈置應用

葉片線條優雅，是好用常見的小品盆栽，常以吊盆方式販售。藤蔓生長的特性所以也適合用於製作綠雕或組合盆栽。

細葉卷柏

Selaginella

- 科別：卷柏科
- 光線需求：明亮不直接照射
- 澆水頻率：介質略乾再澆水

原始蕨類植物，體積嬌小玲瓏，葉片細緻可愛，令人愛不釋手，對環境較為敏感。耐旱力極強，即使遇到長期乾旱的情形，只要將根系在水中稍作浸泡，就又能舒展重生。此外，卷柏也是常見中藥材。

❀ 栽培方式

需明亮光照，但不可受陽光直射，澆水應避免澆到葉片上，否則容易發霉腐爛。

❀ 佈置應用

室內栽培時，要避免空氣濕度不足、根部浸水、通風不良、隨意觸摸等因素。精巧外型適合獨立欣賞。

栽培 Q&A

Q 種在窗臺的卷柏，為何葉片漸漸出現捲起來的現象？

A 卷柏原本是生長在山區的蕨類植物，環境較陰涼潮濕，所以如果窗臺的日曬過於強烈，或環境太過乾燥，都會讓葉片產生捲起來的現象，持續下去就會枯萎死亡。因此最好能將它移到較為陰涼的場所，等到秋季氣溫轉涼後，自然生育就會開始轉旺盛。

虎耳草

Saxifraga

- ●科別：虎耳草科
- ●光線需求：半日照
- ●澆水頻率：保持盆土濕潤但不積水

✿ 栽培方式

喜好潮濕涼爽氣候，半日照光線，高濕度可促進生長。夏天高溫容易腐爛，應避免陽光直射。盆土應保持濕潤而不積水，介質以排水良好的砂質土為佳。

✿ 佈置應用

單盆栽培可觀賞其可愛的葉形，是相當討喜的玲瓏小品。若當吊盆則要特別留意水分供給。

斑葉虎耳草具有長而下垂的匍匐莖，可做吊盆應用。

原產於東亞的多年生草本植物，植株高14～45公分，全株被毛。莖匍匐蔓生、細長柔弱，末端能長出新芽，因葉形可愛似虎耳而名虎耳草。最大的特徵是不對稱花，花瓣大小不一，花期在2～5月間。

椒草
Peperomia

- ●科別：胡椒科
- ●光線需求：半日照
- ●澆水頻率：介質乾再澆透

❀ 栽培方式

椒草喜愛半日照環境，是最適合園藝新手的入門種類，不僅對高溫、乾燥的環境擁有較強抵抗力，也不常有病蟲害。居家種植時，應注意維持通風，否則莖葉容易腐爛。

❀ 佈置應用

體型迷你的椒草以3吋小盆的規格較多，常被應用於組合盆栽、玻璃花房與其他植栽空間有限的地方。蔓性種類適合作吊盆，直立與叢生型可單株欣賞或組合使用。居家方面，顏色最多的乳斑椒草，可與蝴蝶蘭、福祿桐、馬拉巴栗等高低不同的植物作層次搭配。

椒草的株型緊密，原產自美洲熱帶雨林內樹幹表皮與青苔地上。因為要適應不同生長環境，所以演變出許多奇特外型，產生高度觀賞價值。除了常見的皺葉、銀葉、翡翠椒草，原生種多達1000種，可大致從株型（蔓性、叢生、直立）與葉面型態（皺葉、肉質、斑葉等）來區分。

然而，雖然椒草擁有上千品種，型態各異，卻有共同特徵－花序。多數椒草在春季開花，植株頂部會伸出一條條細長鞭狀物，用顯微鏡細看，能看見許多微小的花朵聚生，這也成為椒草家族的特徵。

椒草品種大觀

　　椒草的面貌多變、品種繁多，常見品種有圓葉椒草、西瓜皮椒草、皺葉椒草等。葉片深綠的種類，可以忍受較陰暗的環境。

■ 圓葉椒草

為直立型的植株，葉形圓潤討喜，有圓葉發財樹的別名。

■ 乳斑椒草

是圓葉椒草的斑葉品種，斑葉特性，觀賞價值更高。

■ 西瓜皮椒草

株型矮小繁茂，銀白色花紋，狀似西瓜皮是其觀賞重點。

■ 紅邊椒草

葉片硬挺濃綠，具有鮮明的紅色葉緣。

■ 皺葉椒草

為叢生型植株，葉面呈皺摺狀而有光澤，耐陰性佳。

■ 乳斑皺葉椒草

又名花葉皺葉椒草，是皺葉椒草的斑葉品種。

■ 彩虹椒草

為紅邊椒草的斑葉品種，又名三色草。

■ 白脈椒草

為直立型的小型椒草，白色葉脈略向內凹陷。

■ 斑葉垂椒草

蔓生型的種類，耐陰又耐旱，常栽培為吊盆。

斑葉紫唇花

Ajuga

- ●科別：唇形花科
- ●光線需求：半日照～全日照
- ●澆水頻率：土壤保持微濕

　　原生於歐洲、西亞、依朗，屬於多年生草本植物，全株有毛，植株低矮，株高5～20公分，葉對生，長橢圓形或匙形，葉緣呈現波浪狀，葉色鮮明表面有皺摺，容易成片匍匐生長。

✿ 栽培方式

　　可栽培於遮陰處或全日照的通風環境，生育適溫約15～25℃。因葉面大而密集，水份蒸散速度快，須格外注意澆水，如水份補充不及會讓整株攤軟。若植株生長過於擁擠，可進行分株，以免引起病害。

✿ 佈置應用

　　葉型葉色皆美的斑葉紫唇花，每年4～5月份為花期，會開出紫色小花，因此欣賞重點可從葉片到可愛小巧的花朵。外型矮小，適合放置放於桌面、小茶几觀賞，或是在窗台接收日照，欣賞日照下神采奕奕的生長姿態。由於葉片顏色豐富，盆器方面建議選擇素雅的淺色系，以避免喧賓奪主。

越橘葉蔓榕
Ficus

- 科別：桑科
- 光線需求：半日照～全日照
- 澆水頻率：幼苗期充足澆水，成熟後可減少水量

原產於台灣海邊的多年生常綠蔓性灌木，在植物學上是屬於台灣的「特有種」，達悟語為「vaen」，果實為當地人食用。其葉片互生，約1.5~3公分長、0.5～1.2公分寬，形狀呈倒卵形或橢圓形，表面光滑、顏色濃綠，每個節都能長出不定根，匍匐莖能蔓延固定，分枝多的優點，讓越橘葉蔓榕能成片生長，也是一種很好的「綠化護壁」植物。成株後會結出紅褐色，長有絨毛的無花果，等到成熟時轉為黑紫色，直徑約0.6~1.2公分長，且表面則幾乎光滑無毛。

✿ 栽培方式

半日照至全日照皆可。栽培初期需要較高的濕度，以促進生長，根系發育健全後，具有耐旱性。

✿ 佈置應用

除了作精巧的3吋盆欣賞，也常見於日式庭院造景、大型樹底下的地被等。又因為葉小、生長緩慢、耐修剪等特性，所以綠牆也常使用。

輪傘莎草
Cyperus

- 科別：莎草科
- 光線需求：半日照～全日照
- 澆水頻率：水耕或保持介質潮濕

❀ 栽培方式

多年生常綠挺水性的水生植物，根部浸於水中生長迅速，但是也可用一般介質栽培，只要充足供應水分即可。半日照或全日照皆可生長。

❀ 佈置應用

輪傘莎草株型頗像是一把只有傘骨的小傘，擺在室內明亮處相當持久，可以放入水中，用乾淨土和發泡煉石替代土壤種植，呈現裸根之美，也是水生植物組合設計的主要材料。

株高50～150公分，莖為圓柱狀，姿態直立，橫切面為三角形，因葉子排列似傘又似輪軸而得名，又名破雨傘、傘草、車輪草等。

黑籽荸薺

Eleochari

- 科別：莎草科
- 光線需求：半日照
- 澆水頻率：保持介質濕潤

✿ 栽培方式

性喜高溫多濕，栽培於半日照環境，土質以腐植土或砂質壤土為佳，可植栽於水中，根部浸泡在水中也不會腐爛，或使用田土，維持介質溼度約40%，並常保濕潤，空氣濕度高較有利於生長。

✿ 佈置應用

小巧的黑籽荸薺可用於小品盆栽，也可與水生植物進行組合，使用石盆、古甕等質樸盆器更能相得益彰。

黑籽荸薺是莎草科的挺水性水生植物，成株高約5～25公分，根莖短且叢生，葉片已退化為細絲狀，葉端全年可見外觀呈現球形或卵形、長有鱗片的花，果實為光澤的黑色，外型瘦小呈倒卵形。

彩莧草

Alternanthera

- 科別：莧科
- 光線需求：半日照
- 澆水頻率：土乾就澆水，可噴水保持濕度

❀ 栽培方式

高溫下生長迅速，生長太密時需要疏枝修剪，剪下的枝條可以作扦插繁殖之用。

❀ 佈置應用

可單盆欣賞，或與觀葉、草花組合，擁有分枝細密、葉色多、高度不易改變等優點。

枝葉細緻、擁有豐富多彩的葉色，葉形也有圓葉、尖葉等不同變化，是多年生的草本觀葉植物，有生長迅速且耐修剪的優點，高溫下生長迅速但葉色黯沉，低溫時紅葉品種葉色分外鮮明。

葉色會隨季節變化，愈冷時，葉緣捲曲漸轉為紅色。

袖珍椰子
Chamaedorea

- 科別：棕櫚科
- 光線需求：半日照
- 澆水頻率：常保盆土濕潤

❀ 栽培方式

適合半日照環境，忌陽光直射，否則會導致葉色消褪燒傷。性喜高溫高濕，盆土需常保濕潤但不積水。空氣乾燥時，要經常向植株噴水，冬季適當減少澆水量，表土乾了再澆，否則容易爛根。

❀ 佈置應用

幼株高度約20～30公分，具有熱帶風情，是常見的桌上擺飾。當作小品欣賞、單盆群植的話，植株在30～50公分時，層次與外型最美，如果植株過高會因下部空禿而影響觀賞價值。此外，姿態纖細的袖珍椰子也很適合作組合盆栽，可以選擇顏色不同、高低錯落的萊姆黃金葛、網紋草、常春藤、山蘇等進行搭配，都能混搭創造出極佳效果。

原產於墨西哥北部、瓜地馬拉和馬達加斯加的多年生常綠小灌木。四季常綠的袖珍椰子，莖幹小而堅硬、直立不分枝，節上長有不定根，植株唯一有生長能力的地方，就在莖部頂端，葉片也著生於此，呈現有光澤的革質。

酢漿草
Oxalis

- 科別：酢漿草科
- 光線需求：半日照
- 澆水頻率：夏季要勤澆水

■ 四葉酢漿草

酢漿草的葉片閉合現象。

又稱幸運草，是多年生匍匐性草本植物，莖部會伏地蔓生，葉部對生，有三片倒心形的羽狀複葉，擁有許多觀花品種，其中紅葉酢漿草、四葉酢漿草葉色特殊，也當觀葉植物使用。每到黃昏或陰雨天，小葉會有趣味的閉合睡眠現象，成熟的蒴果會自發性爆破繁殖。

✿ 栽培方式

需充足日照，光線不足的話葉柄會徒長，在春秋兩季生長良好，夏季須注意水分供應，冬季會休眠，要減少澆水次數，喜愛潮濕肥沃的沙質土壤。

✿ 佈置應用

紅葉酢漿草生長勢強、繁殖快速，可以換成較大盆栽，欣賞其枝葉隨風搖曳的可愛姿態。四葉酢漿草比較細弱，單盆觀賞或與組合盆栽配植使用皆宜。

酢漿草品種大觀

酢漿草是台灣平地常見的野花，許多人小時候都有拿它的莖葉來玩拔河遊戲的經驗。現在則有許多園藝栽培品種，讓大家居家也能種上一盆充滿兒時回憶的酢漿草。

■ 鐵十字酢漿草

■ 紅葉酢漿草

空氣鳳梨

Tillandsia

● 科別：鳳梨科
● 光線需求：半日照
● 澆水頻率：噴霧給水

原產於中南美洲的空氣鳳梨，是鳳梨科中最大的一屬，其生態習性主要為附生型，只有極少部分為地生型，它的造形奇特，如電線般的根雖不具有吸收水分及養分的功能，但是能支撐空氣鳳梨懸掛或附著於植物與岩石，不需介質，它的葉子就可用來吸收空氣中的露水、霧氣等水分，可以說是地球上適應力最強的植物，從熱帶、亞熱帶到熱帶雨林，都可以見到空氣鳳梨的蹤跡。

✿ 栽培方式

喜愛半日照、日夜溫差大、溼度高且通風良好的環境。冬季時可直接給予日照，如果擺在日照不佳的位置，每天要給予人工照明約8～10小時。每日噴水，噴至葉面微濕即可，若在濕氣較重之處，則7～10天噴水一次。

✿ 佈置應用

不需要盆器與介質的空氣鳳梨，是相當好運用的素材，一般而言，可以用鋁線、釣魚線、鐵絲來固定擺放，或以盛裝白沙的淺盤、殼具來展示，亦能與蘭花組合共植在蛇木板上；若能取得大型枯枝，還可以將姿態各異的空氣鳳梨們組成一顆空鳳樹，也別具另一番風情。

將空氣鳳梨固定在木板上，就可當作一幅畫來妝點空間。

將空氣鳳梨倒掛在貝殼下方，就成了別出心裁的吊飾。

絨葉小鳳梨
Cryptanthus

- 科別：鳳梨科
- 光線需求：全日照、半日照
- 澆水頻率：葉面噴水

原產於巴西的小鳳梨，屬於小型的地生品種。它的植株多小於20公分，花序不明顯，萼片呈筒狀，葉緣有鋸齒，排列鬆散，組成蓮座般叢生外型，長勢平行貼伏地面，呈輻射狀伸展。常見的有絨葉小鳳梨、虎紋小鳳梨，最亮麗的三色小鳳梨，也是最難種植的品種。

✿ 栽培方式

可接受半日照至全日照的環境，但入夏之後，若處於強烈的全日照下葉片會燒焦，所以要避免陽光直射。具耐旱性的小鳳梨，澆水方式是介質乾了澆透，種植於室內的話，以腰水法2～3天給水一次，也可噴水利於生長。

✿ 佈置應用

小鳳梨的欣賞重點在葉片紋路上，多作單盆欣賞，也可成為組合盆栽的元素。植株低矮的小鳳梨，搭配匍匐垂懸的常春藤、姿態略高的提燈花，就有簡單的錯落之美。亦可將植株包上水苔吊掛裝飾。每逢年節，小鳳梨與蝴蝶蘭、報歲蘭組成的花圈也很受歡迎。

栽培 Q&A

Q 我的小鳳梨葉子變得軟又薄，還從葉緣兩側往中間捲曲，為什麼？

A 你的小鳳梨處於缺水狀態，請將植株噴溼，再以袋子套起保溼，期間加強噴霧以提高空氣溼度，兩周後觀察葉片是否紓緩展開，並移出袋子以普通方式栽種，約莫1個月可恢復正常。

彩葉蚌蘭
Rhoeo

● 科別：鴨跖草科
● 光線需求：半日照～全日照
● 澆水頻率：保持盆土濕潤

原產於西印度群島與中美洲熱帶地區，株高30～60公分，是多年生的粗壯草本植物，葉部為肥厚肉質，呈現長橢圓狀，緊密互生。夏季開花，花朵為白色或淡紫色，自葉片基部開出。

✿ 栽培方式

性喜溫暖濕潤，耐熱也耐旱，對光線適應性廣，全日照、半日照或蔭蔽處均可正常生長。栽培介質不拘，以疏鬆肥沃的腐植質壤土最為適宜，平時需保持盆土濕潤，冬季減少水分供給。

✿ 佈置應用

色彩鮮明，建議單盆欣賞，且盆內種滿多株更可感到生長旺盛。盆器應選擇能映襯紫紅葉片的青、白色系，不宜有複雜的花樣。半日照環境下葉片較低垂，姿態優雅。

腎蕨
Nephrolepis

● 科別：蓧蕨科
● 光線需求：半日照
● 澆水頻率：土乾澆透

■ **波士頓腎蕨**

　　又名玉羊齒、球蕨，原產於熱帶地區高大的樹上和潮濕陰暗之處，因地下莖具有儲水球狀體，且孢子囊的形狀有如腎臟而得名。腎蕨擁有兩面無毛且光滑的羽狀複葉，葉柄與葉椎滿佈褐色毛狀鱗片，孢子囊就位於羽片兩緣的細脈尖端。最特別的是，腎蕨除了直立莖之外，會延伸出匍匐莖，向四方展開，遇到合適環境就會長出叢生新芽，綿延生長。

❀ 栽培方式

　　耐陰性佳，只要給予明亮的散射光環境即可，忌陽光直射。喜好濕潤溫暖的環境，雖然原生種具有耐旱性，但是栽培觀賞品種不可缺水，否則會造成落葉。春秋兩季土乾澆透，夏季的高溫能促使腎蕨生長，但要經常給葉叢噴水，才能保持新芽的健康與葉片美觀。介質方面，只要保持濕潤，選用疏鬆肥沃、透氣性高的土壤即可。

❀ 佈置應用

　　豐滿的羽狀複葉會伸長下垂，呈現弓形，青翠葉色表現出蓊鬱綠意。可以佈置在窗台邊，當陽光灑落時，從屋內瞧見，都會猶如春風撲面，帶來一陣特殊的清爽感。此外，擺放在通風明亮的廚房和浴室，也可讓空間格外顯得翠綠明亮。

■ **密葉腎蕨**
健康的腎蕨顏色鮮綠，具有清涼感。

冷水花
Pilea

- 科別：蕁麻科
- 光線需求：半日照
- 澆水頻率：介質微乾再澆透

「嬰兒的眼淚」為蔓性品種，可當吊盆妝點空間。

別名透明草、花葉蕁麻、白雪覆，原生於熱帶的溫暖潮濕地區，為多年生常綠草本植物，因常在森林中陰冷的溪澗邊看到它的蹤影，而得名冷水花。葉片擁有凹凸不平的質感與美麗的色彩紋路，且生命力強健。

✿ 栽培方式

原生於陰暗之處，所以室內栽培時僅靠燈光就能正常生長。陽光直射會灼傷葉片，且葉色易泛黃，白色葉斑也容易不明顯。入夏遇高溫時，要保持通風與提高空氣濕度，並經常對葉片噴霧，介質呈現輕度乾燥時才可澆水。

✿ 佈置應用

冷水花的品種多樣，亮麗的銀白脈葉片適合搭配淡黃色或紫紅色盆器，直立品種可作單盆欣賞，抽長的莖部易破壞外觀，需偶爾修剪，維持叢生狀。垂性品種適合當地被、吊盆，或用來修飾組合盆栽邊緣，與千年木、金錢樹、福祿桐等高矮層次不一的植物，組合起來有絕佳效果。蔓性品種又稱「嬰兒的眼淚」，玲瓏可愛的葉片有垂墜匍匐性，適合用作吊盆。

冷水花品種大觀

以下為常見的冷水花品種，但樣貌差異頗大，有直立型也有蔓性，在應用組合上可有許多變化。

■ 銀脈蝦蟆草

又稱銀葉冷水花，直立性易分枝；葉子為長菱形，葉脈間有兩條銀白色的斑條，強光下葉色會轉褐紅。

■ 大銀脈蝦蟆草

又稱思魯冷水花，葉面有深刻皺摺，葉色有銀、褐、深綠等色分佈。

■ 玲瓏冷水花

又名嬰兒的眼淚。擁有柔軟垂墜的枝條，也是冷水花屬中較耐旱、耐陰性的品種。春季時可修剪促進生長。

■ 蝦蟆草

又稱皺葉冷水花。全株覆有細毛，葉色呈黃綠色，有3條明顯縱走葉脈。

■ 毛蛤蟆草

俗稱：舖地冷水花，有波浪緣葉脈凹陷，狀似蛤蟆皮而得名。全株覆有絨毛，喜高溫多濕。

■ 灰綠冷水花

植株低矮，葉面呈灰綠色，植貼伏地面生長，莖部纖細易分枝蔓生，欣賞其流洩姿態。

■ 矮性冷水花

株型及葉形均較小，同樣有三條葉脈與銀色斑塊，為冷水花株型迷你的選拔栽培品種。

■ 大葉冷水花

又稱白雪草，菱形葉上半葉緣有疏鈍鋸狀，有三條明顯主葉脈，脈間葉面凸出並有銀色斑塊，莖直立為青色。

■ 鏡面草

原產中國雲南，葉為盾形，肥厚帶光澤，葉柄呈輻射展開，老葉落後上半部繼續長新芽，耐寒喜陰，種植需排水良好。

網紋草
Fittonia

- 科別：爵床科
- 光線需求：半日照
- 澆水頻率：春至秋勤澆水，冬季減少供水

喜好潮濕的網紋草，很適合妝點妝浴室空間。

　　網紋草的外型獨特，因白、粉紅或紅色的鮮明網絡狀葉脈而得名，葉色的變化也呈現在此。網紋草為多年生草本植物，原產於南美洲溫暖潮濕的森林裡，可分為紅白網紋與大小葉，葉脈呈現紅色與粉紅色的紅網紋草屬於原始的大葉品種，網紋色彩較不明顯且葉片易乾枯，市面較少見；小葉品種的姬白網紋草是變種，較適合室內栽種。

✿ 栽培方式

網紋草擁有極佳耐陰性，性喜半遮蔭處，陽光直射容易導致葉片焦枯。好濕的網紋草，對栽培土壤不挑剔，可使用泥炭苔或培養土，混和少量的真珠石，重點在於從春季到秋季都需充分澆水，也要經常進行葉面噴霧，增加空氣溼度，以避免葉片萎軟塌陷。冬天時，可以減少澆水量，避免太多水分留滯在葉面上，以免葉片凍傷腐爛。

✿ 佈置應用

精巧玲瓏的葉片，常見於組合盆栽的搭配使用，其匍匐低矮的特性，可創造出植物高低層次。此外，外型低矮、少病蟲害、沒有濃郁氣味的網紋草也很適合餐桌擺設。

■ 白網紋草

■ 紅網紋草

單藥花

Aphelandra

- 科別：爵床科
- 光線需求：半日照
- 澆水頻率：常保介質潮溼

擁有花與葉雙重觀賞價值的單藥花，原產於氣候溫暖濕潤的墨西哥及巴西地區，植株葉片厚而亮，質感如同塑膠皮，深綠色的葉片與銀白色葉脈呈現鮮明對比。植株高約25～30公分，長橢圓形葉片對生，邊緣微向內捲呈波狀。時序入秋之後，單藥花會開滿黃色長串花朵，花為頂生穗狀花序，由下向上開放，苞片碩大且如瓦片層疊，花期可達6星期。

✿ 栽培方式

單藥花喜好半日照環境，不能讓陽光直射，處於室內環境之中，常會見到莖部過於細長和落葉兩種問題，只要把握介質溼度及冬季保溫兩項重點即可。不耐旱的單藥花需要經常保持盆土濕潤，以免葉片萎軟。

單藥花的黃色長串花朵。

✿ 佈置應用

單藥花適合放在無陽光直射的窗邊或陽台上，屬於高光度的室內植物，也可在明亮的書房、廳堂、臥室內應用，常用來作為熱帶組盆的配角。單藥花的美麗葉脈是其特色，因葉色深綠，所以建議搭配素色盆器，可作3吋小品輕盈點綴。

彈簧草

Albuca

- 科別：爵床科
- 光線需求：半日照
- 澆水頻率：土乾就澆水，可噴水保持濕度

❀ 栽培方式

耐旱耐陰，喜好半日照環境，雖可放在室內以燈光照射維生，但葉色會變淺。缺水過度會使葉片失去光澤，要定時噴水保持濕度，適合使用鬆軟介質。

❀ 佈置應用

因植株低矮，單盆小品放在低處較容易觀賞；或是用作組合盆栽、玻璃花房的配角。

產於熱帶地區，葉片呈圓形或心型，中央肋脈明顯，葉面微皺、向上隆起，質地硬且緊密，因輕壓會有彈性而得名。植株莖部半木質化，高度約5～10公分，十分低矮，花朵極小無觀賞效果。

灰姑娘
Hemigraphis

- 科別：爵床科
- 光線需求：半日照
- 澆水頻率：保持介質濕潤

✿ 栽培方式

夏季生長快速，以半日照為宜，耐陰性強，喜好濕度高的環境，不耐乾燥，要規律朝葉面噴霧以提高環境濕度。

✿ 佈置應用

葉色優雅又耐陰，可作為吊盆使用。因顏色較暗，也常被用作組合盆栽之配角，與其他觀葉植物搭配設計。

又名紫葉半插花、紫海棠，為多年生小型草本植物，產於東南亞、印度，在當地常被用於作地被植物使用，植株低矮叢生，葉面為墨綠，葉背為紫紅，帶金屬光澤的葉片是最搶眼的特色。

嫣紅蔓

Hypoestes

- ●科別：爵床科
- ●光線需求：明亮但陽光不直射
- ●澆水頻率：不耐旱要保持濕潤

❀ 栽培方式

　　幾乎四季都能在市場上購得，適合栽培於窗邊等明亮環境，以免枝葉徒長散亂。喜好溫暖濕潤、不耐旱也不耐寒，要經常注意補充水分。

❀ 佈置應用

　　葉色鮮艷又美麗的嫣紅蔓，適合搭配刷白的花器，或是原木風格的容器，就能帶來休閒的鄉村風情。由於植株低矮，盆栽可佈置在略低於視線的地方，以便欣賞。種在玻璃瓶中，或者製作成苔球，就是小巧可愛的微景觀。

　　多年生常綠匍匐半灌木，原產於馬達加斯加島。斑斕的葉片就彷彿是沾上白色、紅色、粉紅色的點狀油漆，是其最大的特色。不過隨著植株老化，斑點會漸漸褪去，可將老枝條剪下，促進生長新枝，以維持觀賞價值。

虎尾蘭
Sansevieria

● 科別：龍舌蘭科
● 光線需求：半日照
● 澆水頻率：忌盆土潮濕

❀ 栽培方式

耐陰、耐旱性強，喜愛高溫，是易於種植的觀葉植物，適合半日照環境，喜好肥沃的腐殖土，最忌盆土潮濕與通風不良的環境。生長緩慢不易壞損，擺放在室內環境中可擁有很長的欣賞期。

❀ 佈置應用

虎尾蘭有優秀的空氣淨化能力，在燈光之下也能種植，很適合放在辦公室中，長葉適合高盆，短葉適合扁盆，容器建議挑選簡潔風格，以突顯葉片質感。若是用來與其他植物組合，在大、中、小不同品種中，可選擇30公分以下的小型虎尾蘭，與金錢樹、福祿桐、五彩千年木、阿波羅千年木等作搭配，是極受歡迎的組合。

多年生肉質草本植物，原產於非洲乾燥地區，因為耐旱好養的特性而別稱千歲蘭。虎尾蘭沒有葉柄，根莖在地下匍匐延伸，葉片從發達的地下根莖延伸叢出，葉形與葉斑變化多，肉質葉片質感堅硬，呈劍形直立狀，兩面有明顯的深淺綠色橫條斑紋。

孔雀薑
Kaempferia

- 科別：薑科
- 光線需求：半日照
- 澆水頻率：夏秋盆土常保潮濕

✿ 栽培方式

夏季生長旺盛的孔雀薑，適合半日照有遮蔭的環境，若處於全日照之下葉片容易曬傷。到了冬季時，葉片會轉黃掉落，進入枯葉休眠狀態，隔年會再度生長，所以入冬一直到初夏這段時間，要維持盆土的乾燥，給水量不要太多。介質方面則是需要擁有良好的排水性。

✿ 佈置應用

葉型美麗的孔雀薑，每次開花總讓人驚為天人，欣賞重點可從葉片形狀、葉脈姿態一直到花色變化。在外型高大的薑科植物之中，很少有孔雀薑這類外型矮小、可置放於桌面觀賞的植物，無論是餐桌、邊櫃、書桌等室內空間都能點綴。因為葉片與花色是搶眼的主角，所以盆器建議選擇素雅的淺色系，以避免喧賓奪主。

原產於南印度，生於石灰岩峭壁中，又被稱為復活節薑。葉片直立或貼垂於盆緣，寬大且華麗，上頭還印有孔雀羽毛般的特殊斑紋，花朵有4瓣、顏色多變。薑科植物多數長相類似，但孔雀薑這種小型的薑科觀葉植物，卻擁有許多不同的葉紋、花色，讓它別具特色。

銅錢草

Hydrocotyle

- 科別：繖形花科
- 光線需求：光線充足
- 澆水頻率：常保介質濕潤

❀ 栽培方式

喜好溫暖高溫，80％的日照為宜，光線不足或過度遮蔭會導致徒長、葉片黃化腐爛，需使用保水性佳的介質，並常保濕潤。

❀ 佈置應用

水陸兩棲的銅錢草，也可以水耕。翠綠而油亮的葉片顏色，與五顏六色的玻璃杯、或者古樸的陶器搭配，都能展現不一樣的風情。另外也可用於水族箱中作為前景草使用。

原產於南美洲的多年生草本植物，種植容易，繁殖迅速，水陸兩棲皆可，葉片渾圓柔亮如錢幣。銅錢草的莖部纖長，略帶紫紅色，匍匐於地面，節間會長出根和葉，夏秋時開黃綠色花，果實為扁圓形。

血葉蘭

Ludisia

- 科別：蘭科
- 光線需求：半日照～全日照
- 澆水頻率：介質乾再澆水

❀ 栽培方式

匍匐莖粗大，可儲存水分養分，稍具耐旱性，須待介質乾才澆水。

❀ 佈置應用

最適合組合盆栽使用，可搭配高挑具線條美的袖珍椰子、蔓生垂懸的吊蘭，不僅均勻調和紅綠白三款葉色，植株姿態也層次分明。若為5吋盆栽，便可單獨擺放欣賞。

又稱石蠶蘭、美國金線蓮，可觀花觀葉，原產於馬來群島，深紅褐色葉片上有金色或紅色線條，葉片質感有如絨布。春季開成串白花，花瓣與上萼片連成罩狀，側萼片和蕊柱基部合生形成囊，唇瓣歪斜，是少見的非對稱花，具觀賞價值。

鐵線蕨

Adiantum

- 科別：鐵線蕨科
- 光線需求：半日照
- 澆水頻率：常保介質濕潤

✿ 栽培方式

喜好半日照、冷涼多濕、明亮通風的環境。選擇疏鬆微鹼的介質，並保持介質濕潤但不可積水，也要避免噴霧在葉片上。夏季時須遮光40%～60%，慎防陽光直射。

✿ 佈置應用

耐陰的鐵線蕨可作單盆小品欣賞；株型較大的可佈置於窗臺、走廊與客廳，觀賞期較長。若作組合盆栽用，可以和蘭花、非洲菫等室內觀賞花卉組合，成為柔和的配角。

原產於北美、東亞，株型柔軟，葉片細緻，擁有墨黑的纖細葉軸，種名apillus-veneris，有「維納斯的頭髮」之意。根莖匍匐，黑褐色葉柄長約5～25公分，韌性十足；葉為羽狀複葉，長約12～25公分，自然彎垂；孢子囊群著生於葉緣，著生後葉緣會反捲以保護孢子囊群。

鳳尾蕨
Pteris

- 科別：鳳尾蕨科
- 光線需求：半日照
- 澆水頻率：盆土保持濕潤

　　原產於熱帶亞洲，種類繁多，有退火清熱的效果，是青草茶原料之一。野生的鳳尾蕨在牆腳、溪畔、水溝旁處處可見，觀賞鳳尾蕨經過園藝改良培育，選出葉片有斑紋、葉型奇特、具有觀賞性的種類，如：銀脈鳳尾蕨、鹿角鳳尾蕨、白玉鳳尾蕨…等。

❀ 栽培方式

耐陰性強，受強烈日照葉片會黃化。好濕不耐旱，新芽避免受強風吹拂讓枝葉摩擦。如果缺水造成葉片乾枯，可將黃化的葉片剪除，並在葉叢上噴水及澆水，等待恢復生機。

❀ 佈置應用

質感柔細，葉片細緻有白紋，可單獨擺放於淺色牆前，搭配素色盆器來突顯綠化效果；或者運用於組合搭配，襯托豔色花卉。

鳳尾蕨品種大觀

鳳尾蕨是少數可以用於居家栽培的蕨類植物之一，奇特趣味的葉型格外討喜。銀脈鳳尾蕨株形纖柔小巧，是最常見的鳳尾蕨商品盆栽，歷久不衰。

■ 銀脈鳳尾蕨

■ 鹿角鳳尾蕨

〔 種子盆栽 〕

　　在花市裡面經常可見使用一些水果或木本植物的種子，密集栽培於小盆器中，形成一片綠色小森林的風景，稱為種子盆栽。這類幼苗的需光量少，只要半日照的明亮散射光環境即可生長，而且由於盆器空間受限，大約生長到10~20公分就會停滯，平日只要定期澆水，不需要施肥，就可以觀賞很長的一段時間。最常見的種子盆栽有：咖啡、竹柏、綠鑽（火龍果）…，其他像是臺灣欒樹、芭樂、檸檬、柚子、龍眼等容易取得的種子，也可以自己嘗試孵孵看，觀察種子從發芽到生長的過程。

各式各樣種子盆栽，常以單盆小品欣賞。

🍃 中型觀葉植物擺設要領

　　想讓植物與空間適度互動，就必須騰出恰如其分的位置，讓植物成為有質感的存在。無論是餐桌上、沙發角落旁、客廳中央矮桌、電視櫃前、中型會議室、床頭櫃……等放置小品盆栽會顯得空洞，又容不下大型盆栽的地方，就是 5～7 吋中型觀葉植物的最佳展演場所，讓植物也成為室內設計的一部分，在台面、桌面等中型空間成為主題。

🍃 推薦植物Top5

■ 山蘇

推薦原因

有著特殊的波浪狀或戟形葉緣，耐旱又好照顧，單盆栽培或用於組盆皆美。

■ 黛粉葉

推薦原因

葉面寬大，綠化效果佳，且透過蒸散作用，可以幫助增加空氣濕度。

■ 翡翠木

推薦原因

葉片肥厚、狀似錢幣，佈置在居家、商店、企業空間都很喜氣。

■ 觀葉秋海棠

推薦原因

葉片斑紋奇詭多變，甚至具有閃亮光澤，觀賞效果奇佳。

■ 蔓綠絨

推薦原因

品種多，頗能抵禦蟲害，用作吊盆及附柱型的落地盆栽都有合適的品種。

變葉木
Codiaeum

● 科別：大戟科
● 光線需求：半日照～全日照
● 澆水頻率：土乾再澆

❀ 栽培方式

全日照、半日照均可。充足的陽光可促使莖葉生長繁茂、葉色亮麗，紅斑品種也會更加鮮豔。但如果長期缺乏光照，葉面斑紋會變得越來越不明顯且缺乏光澤，還會產生落葉現象。介質方面，以排水良好者為主，土乾之後再澆水，避免盆底潮濕積水，要給予變葉木充足的水分，並每天朝葉面噴水。

又名變色葉、錦葉木。株高從10公分至數公尺，有雙性花，但是花小無瓣，觀賞重點在於葉片。變葉木的葉片肥厚平滑，可依葉形分為不同品系，有長葉、闊葉、角葉、戟葉、細葉、螺旋葉、母子葉等分別。其葉片就像是繽紛的調色盤，可見到變化萬千的斑點和顏色，有切斑、星斑、肋斑、島斑等，品種超過百種，葉子變異性大，即使是相同品種，在不同栽培條件下，也會產生微妙的差異，並且時常會出現變異的新品種。

〔綠手指 Tips〕

龜甲變葉木生長慢且耐陰性較強，特別適合明亮室內應用。

✿ 佈置應用

　　變葉木它美麗的葉片能當作佈置主角，只要搭配上顏色素雅、造型流線的盆器，就能營造現代感。若作室內觀賞之用，建議挑選耐陰的龜甲變葉木，因光線會讓變葉木葉色益發紅豔鮮明，所以室內品種多呈現黃色基調，色彩變化少；若是用在組合盆栽，可挑選葉片細小的金手指變葉木、相思葉變葉木。

變葉木品種大觀

　　觀葉植物中，將葉形葉色的變化發揮得最淋漓盡致的，非變葉木莫屬，原生種不過6種，園藝栽培變異種卻超過120種，一起從葉形、葉色與葉斑來欣賞它的美吧！

■ 金手指變葉木

■ 紅綠變葉木

■ 龜甲變葉木

■ 相思葉變葉木

觀音蓮
Alocasia

- 科別：天南星科
- 光線需求：半日照
- 澆水頻率：土乾再澆

❀ 栽培方式

　　喜好溫暖的半日照環境，冬季可置於明亮場所，夏季需要遮蔭。姑婆芋和尖尾芋等擁有地上根莖的品種，可以逐步適應全日照，建議放置於室內窗畔，如果環境過於陰暗，莖部會徒長，株型會變得細瘦難看。觀音蓮屬植物耐旱性強，塊根性種類待土乾再澆，冬天只需要極少水分就能存活，平日的照護準則，便是維持環境溼度，要經常對葉面噴霧保濕。

❀ 佈置應用

　　擁有特殊株型和葉片紋路的觀音蓮極具現代感，只要放在白色盆器上就可以突顯出植株特色，單盆擺放就很好看。若需作組合盆栽觀賞，可在高、中、低三種層次中作為高的素材，優美姿態極好搭配。

　　原產於亞洲的常綠或塊根性觀葉植物，台灣常見的有5～6種觀賞種。株型特別，葉梗直立，箭頭狀的碩大葉片是其特色，葉緣有缺刻，銀白色的葉脈密佈其上，葉背呈現紫黑色，花為肉穗花序，色白。姑婆芋、尖尾芋等品種擁有發達的地上莖部，葉片自莖部呈現放射狀著生，終年常綠。唯汁液具有毒性，切莫誤食。

觀音蓮品種大觀

　　談到強勢優雅的觀葉植物，天南星科的觀音蓮絕對排行有名，葉形外觀、葉片紋路、整棵植株皆各有特殊、美麗之處，讓人驚艷。

■ 黃金觀音蓮

植株莖為明亮黃色，葉面鮮綠油亮，葉背有凸出鮮黃脈絡，光線照射愈多葉色愈黃，喜溫暖潮濕、排水佳的環境。

■ 龜甲芋觀音蓮

高度不超過40公分，葉面為暗綠色，葉脈為明顯銀灰色，葉背整面呈暗紫紅，莖幹強健，葉狹長微帶波浪。

■ 黑葉觀音蓮

台灣市場常見品種，葉面色澤深黑，葉脈淺色明顯，每一葉脈對應葉緣產生明顯齒狀，生長旺季為4～9月。

■ 迴向觀音蓮

主脈兩旁側脈採不規則對稱，葉頂與一般觀音蓮不同，無明顯裂葉，葉緣稍微呈現波狀，葉背灰白色。

■ 斑葉觀音蓮

葉片呈盾狀心形，綠色表面有零星白色或淺綠斑點，葉脈色澤淺綠，喜明亮的光照。

■ 龍鱗觀音蓮

喜愛潮濕、明亮、排水佳環境；葉背葉脈兩側有暗紅線條，葉面偏銀白，中間葉脈明顯深綠，葉片略感凹凸。

水晶花燭

Anthurium

- 科別：天南星科
- 光線需求：半日照
- 澆水頻率：保持盆土濕潤

❀ 栽培方式

喜愛半日照至遮蔭的潮濕環境，須避免陽光直射。因原產於熱帶雨林，無法忍受10度以下低溫。建議選擇排水性佳的介質，盆底避免積水，也要隨時噴水增加空氣濕度，但通風不良處不適合擺放。

❀ 佈置應用

除了單獨擺放，也常用作組合盆栽的材料，葉片上的線條紋路和質感，特別引人注目。

花燭品種大觀

■ 圓葉花燭

■ 絨葉花燭

花燭類植物分為觀花、觀葉與觀果型態，原產於南美洲國家，是一種品種繁多的熱帶植物，葉脈呈現水晶般耀眼光澤的水晶花燭，屬於觀葉型花燭，葉片呈現心型，葉前端微尖，葉基往內陷入，葉色濃綠，葉脈銀白璀璨，生長十分緩慢。

黛粉葉
Dieffenbachia

- ●科別：天南星科
- ●光線需求：半日照
- ●澆水頻率：介質略乾再澆

又名花葉萬年青，原產於熱帶美洲的多年生草本植物，中文名以其學名*Dieffenbachia*音譯。黛粉葉擁有不分枝的直立莖、莖節明顯，最大的特色是橢圓形的寬大葉片，葉色變化從深淺綠色至白色，葉斑可見點狀、脈紋、潑墨或成片大面積分佈，組合變化極大。此外，黛粉葉的植株大小差異也很大，有高度超過1公尺、莖粗如甘蔗的大王黛粉葉、白脈黛粉葉，也有20公分高、小型的白玉黛粉葉、密葉黛粉葉等。

✿ 栽培方式

半日照環境為佳，但需避免陽光直射，否則會讓葉表焦黃，適合栽種於室內，尤其是窗邊明亮處，斑點多的品種光線需求量更大，環境越明亮越能讓色彩對比鮮明。介質以排水良好的砂質壤土與富含有機質的腐葉土為佳，略乾再澆，水分過多會引起莖基潰爛，葉薄品種若缺水葉片會軟塌，葉厚品種較耐旱。

〔綠手指 Tips〕

黛粉葉植株中的草酸鈣，是天南星科植物中含量較高、且植株傷口汁液最多的，沾到皮膚後紅腫搔癢的症狀會更加嚴重，所以進行修剪或扦插時，記得要穿長袖並配戴手套。

❀ 佈置應用

　　黛粉葉碩大多變的葉片，深受許多室內設計師的喜愛，常被當作大型植物單獨擺設，變成庭院或室內造景的主角，因為其葉片寬大且株型頗具氣勢，所以也能種在大型的甕或瓷缸內，擺放於玄關、主管室內，大方且氣派。高度30～50公分的白玉黛粉葉、翠玉黛粉葉等小型品種，適合作小品盆栽或與其他小型植物群植為組合盆栽。至於7吋盆大小、高度50～80公分的中型品種，可以成排擺放，群組起來的葉片格外鮮明青翠，可讓室內充滿綠意。

黛粉葉品種大觀

　　黛粉葉原生品種有30多種，園藝品種很多，圖案與斑紋差異也大，但常見斑紋多為乳白和黃綠。

■ 白玉黛粉葉

歷久不衰的黛粉葉品種，葉中央呈現乳白色，可見由葉中至葉脈，自白漸綠的顏色變化。此品種可以水耕。

■ 愛玉黛粉葉

又稱馬王萬年青，是大王黛粉葉的變種，葉形橢圓，葉緣呈波浪狀，綠色葉片上有白、乳黃、淺綠等斑紋。

■ 黃金寶玉黛粉葉

葉片主色以近乳白的黃綠色為主，雜有深綠色斑點，葉片邊緣為深綠色。

■ 星光燦爛黛粉葉

栽培變種，原產於巴西，間雜有乳白、淡綠、深綠斑塊。

■ 金剛黛粉葉

葉片寬闊碩大，底色為深綠色，接近中央葉脈之處，可以見到白斑雜佈。

■ 噴雪黛粉葉

葉片呈現長卵形，色澤為深灰綠色，葉面可見乳白色斑點滿佈，面積約占全葉的85%。

■ 閃亮黛粉葉

葉中肋白，沿側脈有綠色與淺黃色交錯的斑紋。

■ 夏雪黛粉葉

外觀與大王黛粉葉相似，但株高較矮一些。乳白斑紋也較多。

■ 白蓮黛粉葉

又稱白緣黛粉葉或翠玉黛粉葉。具有特殊的不規則白色鑲邊葉緣。

■ 乳斑黛粉葉

為居家環境中常見的黛粉葉品種。對臺灣冬季的耐受性佳。

■ 瑪莉安黛粉葉

亮度極高的葉片，即使在蔭暗的室內，仍然十分搶眼。

■ 大王黛粉葉

大型種，株高可達150公分，已馴化在各地林蔭環境下。

蔓綠絨
Philodendron

- 科別：天南星科
- 光線需求：半日照
- 澆水頻率：土壤稍乾便澆透

栽培方式

半日照環境為主，所有的蔓綠絨都不可讓陽光直射，栽培在有適度遮光與光線良好處最為適宜，葉片濃綠且厚的品種耐陰性較強，可接受單純燈光照明。喜好潮濕環境，冬季需要保持土壤適度乾燥，盆底不可積水。溫暖季節中除了稍乾澆透外，要保持充足環境溼度，定期朝葉面噴水，葉片薄的品種，土微乾就要澆水。

佈置應用

蔓藤型的蔓綠絨多用作吊盆及附柱型的落地盆栽，如心葉蔓綠絨、鋤葉蔓綠絨、銀葉蔓綠絨多供吊盆用；魚葉蔓綠絨、提琴葉蔓綠絨、紅公主蔓綠絨等多植成附柱型。叢生型多作7吋以上盆栽，如帝王蔓綠絨、立葉蔓綠絨；單盆可獨立欣賞它的葉形、植株造型，基調為綠色的品種，多作背景陪襯。也有品種可當切葉使用，如佛手蔓綠絨、羽裂蔓綠絨、奧利多蔓綠絨等。

蔓綠絨原產於中南美洲，依型態可分為蔓藤型與叢生型兩類，第一類藤蔓型的植株高度依攀附物體高度而定，莖節處容易長出氣生根，藉以攀爬物體，若將其置入介質中，便能提供水分給上層葉片；叢生型種類大多株型巨大，擁有大型深裂葉片，且葉片集中於莖端，呈放射狀排列。

蔓綠絨品種大觀

　　蔓綠絨形貌多變，有形似芋頭的、也有形似黃金葛的，還有和粗肋草相像的，在品種鑑定上常帶來困擾，其觀賞價值在堅韌耐久的葉片與變化多端的葉形，常見有圓形、心形、提琴形、芭蕉形、羽裂形等，葉色則有綠、黃、紅及少見的斑葉品種。

■ 黃金心葉蔓綠絨

■ 綠鑽帝王蔓綠絨

■ 金鋤蔓綠絨

■ 立葉蔓綠絨

■ 彩虹帝王蔓綠絨

■ 琴葉蔓綠絨

■ 原子蔓綠絨

■ 紅帝王蔓綠絨

■ 密葉天使蔓綠絨

美鐵芋

Zamioculcas

- 科別：天南星科
- 光線需求：半日照
- 澆水頻率：土乾再澆水

✿ 栽培方式

光線適應性佳，若光線不足，新葉片會比較柔弱，但日照過強會導致葉色偏黃。因本身儲水力強，所以不需時常澆水，光線弱時盆土寧乾不可溼。

✿ 佈置應用

美鐵芋因橢圓的葉片像錢幣，在市場上以金錢樹、金幣樹、發財樹、招財樹之名做包裝，是近年來常用於傳遞祝福、逢年過節的送禮選擇，加上葉色翠綠、生長緩慢、觀賞時間長，因此人氣居高不下。

原產於熱帶亞洲、熱帶美洲，因葉片形似美葉蘇鐵，且地下有肥大的儲藏塊根而得名。葉片肥厚多肉，形如錢幣，又名金錢樹。因其厚實葉片能減少水分蒸散，粗大葉柄利於儲藏水分和養分，又擁有地下塊根，所以常被歸為耐旱性佳的多肉植物。

美鐵芋油亮的葉片十分討喜。

海岸擬茀蕨

Phymatosorus

- 科別：水龍骨科
- 光線需求：半日照～遮蔭
- 澆水頻率：保持介質濕潤

　　著生性蕨類，「海岸」兩個字說明了它是海岸型的蕨類，能夠耐旱、耐風、耐曬，生性強健。根莖木質化且呈現匍匐狀。葉形變化很大，從單葉到羽狀裂葉皆有，側裂片長約13公分，寬約3公分，葉基具關節。圓形的孢子囊群外型大，分佈於葉中脈兩側各一排，著生處會從葉背明顯下凹，孢子囊初生為淡綠色，成熟後變成褐色。

✿ 栽培方式

　　耐旱性佳，適合半日照至有遮蔭的環境。常見於東部和南部的沿海石礫地或近山區岩石、山溝。

✿ 佈置應用

　　葉片青翠油綠，植株乾淨，莖、葉與孢子囊都有可看性，適合單獨置於素色盆器，也能作園林造景運用。

馬拉巴栗
Pachira

● 科別：木棉科
● 光線需求：半日照～全日照
● 澆水頻率：土壤乾透再澆水

　　原產於墨西哥的常綠喬木，株高可達6公尺，幹基肥大，葉形呈長橢圓狀，為5～7片的掌狀複葉，色澤全綠。當初引進馬拉巴栗，是為食用其果實，將果實內種子炒熟後，滋味如花生，所以又叫美國花生，現在已單純作為觀賞植物使用，因靠近根部的幹部肥大，胖如彌勒佛，又被民間稱為發財樹。

✿ 栽培方式

　　全日照、半日照皆可，入夏時避免烈日直射而使葉尖、葉緣枯焦。雖然耐陰性佳，但過於陰暗會導致葉片軟弱、枝條纖細鬆散。耐旱性強，介質應選擇排水性佳的土壤，乾透再澆，忌盆土積水，否則根莖易腐爛，但空氣乾燥時，需頻繁噴霧，補充水分。

✿ 佈置應用

　　常見的室外庭園樹、行道樹，因其耐陰性強，種植在室內等光線差的環境下也能生長良好，所以漸漸成為室內重點植栽。播種1個月的小苗，多作小品盆栽觀賞，或與低矮型觀葉植物作組合；50公分至1公尺高度的馬拉巴栗，可將3株結辮或彎曲造型，增添觀賞價值。

馬拉巴栗小品盆栽。

小苗可彎曲造型。

栽培 Q&A

Q 馬拉巴栗擺放一段時間之後，株型有些凌亂，該如何整理？

A 若馬拉巴栗產生枝條伸長、株形凌亂的現象，可修剪葉片，並將綠色莖幹部分保留1公分左右，其餘全部剪除，如此一來，剩下的綠色莖幹會萌發新芽，也能促使下端木質化的莖產生新芽。

葛鬱金・竹芋

Maranta

● 科別：葛鬱金
● 光線需求：半日照
● 澆水頻率：盆土不可積水

原產於巴西、亞馬遜河流域的熱帶雨林中，為多年生的宿根性草本植物，株高約10～200公分都有，莖部叢生，有地下根莖。每年夏秋季為花期，穗狀花序的白色花朵外型小，不甚明顯。葛鬱金（*Maranta* sp.）和竹芋（*Calathea* sp.）都屬葛鬱金科，其中葛鬱金的原始品種，又稱「粉薯」，早年為糧食的代用品或製作澱粉的原料，近年來改良發展出變化無窮的葉色紋理，是極受歡迎的觀葉植物。此外，葛鬱金的葉片為了接受光照，在白天是平攤狀，夜晚時葉片會豎直合起，是十分特別的現象。

✿ 栽培方式

室內明亮處或戶外遮蔭處較佳，若在陽台栽培要注意夏季高溫與冬季寒流。葉片較竹芋科植物而言，更薄也更不耐旱，喜愛高溼度環境，要常對葉片噴水，根部細弱不耐潮濕，盆土不可積水，置放位置也要避免悶熱不通風。

✿ 佈置應用

植株低矮且具匍匐性的紅線豹紋葛鬱金等品種可作吊盆使用，並挑選寬扁盆器，以搭配植株型態，其中最奇特的紅線豹紋葛鬱金，葉片上凸出的鮮紅色花紋特別美麗。較為高挑的大紅羽品種因葉形葉色，適合搭配高瘦的青花瓷盆，常見於和室空間之內。

高挑的品種搭配瘦長形的花器。

低矮的品種可使用寬扁的盆器合植多株。

葛鬱金／竹芋品種大觀

　　葉色斑斕的竹芋，葉片上面的紋路彷彿是人工繪製上去一樣，十分精緻，園藝品種也相當豐富，想要營造充滿熱帶風情的空間感，一定要想到葛鬱金與竹芋。

■ 銀星竹芋

優雅、銀灰色的橢圓形葉，葉面上綠色主脈與兩側細長葉脈線條簡單明顯，葉柄與葉背則為紫紅色，葉柄纖細且長；喜愛溫暖半陰暗潮濕環境。種植土壤以微酸性、排水良好為佳。

■ 箭尾竹芋

葉面顏色為淺綠色，葉脈兩側帶有類似鳥羽毛般的大小深墨綠色斑塊，葉片狹長，邊緣呈波浪狀，葉片面則為深紫紅色。全日照或半日照環境皆可，切忌陽光直射，喜排水良好的潮濕環境。

■ 白紋葛鬱金

白紋葛鬱金葉面擁有大理石花紋般的白綠色交雜斑紋，葉形為瘦長橢圓狀，先端有突尖，主葉脈明顯，兩側分佈有明顯細絲狀葉脈，葉柄細長為淡綠色，且外表覆蓋有細微絨毛，不怕太陽直曬，可戶外種植。

■ 銀羽斑竹芋

與銀星竹芋相當類似，不過葉面斑紋較明顯、密集，而且植株也頗高，約可長到1公尺。植株為叢生，莖為匍匐根狀，並帶有肉質塊莖，葉形為長橢圓，葉端突尖，葉柄頗為瘦長，葉面主要為灰綠色，主中脈明顯，兩側帶有墨綠色羽毛般長斑紋，葉背與葉柄則是紅褐色。

■ 豹紋竹芋

葉為基生葉叢生，中脈兩側擁有5～8對的黑褐色大斑塊，形似豹子斑紋，葉形為卵圓形或卵狀長圓形，先端有突尖，基部為心形。喜歡溫暖潮濕、光線明亮的半日照環境，不耐寒、旱，也不喜歡烈日直曬。日夜溫差大的環境下，葉面斑點較明顯美麗；缺肥時，葉色會變黃。

■ 孔雀竹芋

葉呈卵形或長橢圓形，葉色淡黃帶半透明，葉脈兩側產生如橄欖綠、卵形大小對生的明顯斑塊，羽狀細脈也是以橄欖綠呈現，葉形外觀就像孔雀羽毛，葉背面呈紫紅色。喜半日照環境，溫度低於15℃易受寒害須注意保暖；竹芋在夜間葉片會豎立向上產生睡眠運動，以保護中間嫩芽。

紅裏蕉・錦竹芋

Stromanthe

- 科別：竹芋科
- 光線需求：全日照
- 澆水頻率：土乾再澆

■ 紅裏蕉

■ 錦竹芋
葉面上有美麗的羽毛狀花紋，雜有深淺不一的紅、綠、乳白等顏色。

　　紅裏蕉是竹芋家族中耐旱性最強的種類，因為葉片內側為紅色、表面具有光滑質感，形似香蕉葉而得名。紅裏蕉會長出細長的莖，且莖上有可作繁殖使用的小葉叢，鮮紅色的花朵十分美麗。因其斑葉品種葉色斑斕，又被稱為三色竹芋。

❀ 栽培方式

　　適合全日照的環境栽培使用，因其葉片質地偏厚，不像竹芋科植物一樣對環境濕度敏感。

❀ 佈置應用

　　偏大型的植株，建議使用7吋盆以上栽種，姿態繁盛茂密，可單叢種植或多株群植，營造出色彩豐富的景觀。

龍舌蘭
Agave

- 科別：龍舌蘭科
- 光線需求：全日照
- 澆水頻率：2～3周澆一次水

多年生草本植物，擁有耐旱厚硬的葉片，常被當成多肉植物應用。龍舌蘭的葉片呈現工整、對稱的放射狀，葉端尖且邊緣有刺，還擁有寬窄、狹長、尖刺、斑紋與柔軟薄葉等不同變化。

栽培方式

全日照為主，葉薄品種稍具耐陰性，姿態也比較柔和。給水方面，耐旱性強，2～3周澆一次水即可。

佈置應用

龍舌蘭與黑、白等素色容器都很適合，且建議盆器寬度應稍小於植株，才能讓葉片伸出盆器，欣賞延展生長的美感。

〔綠手指 Tips〕

部分品種的葉端、葉緣具尖刺，較不適宜有小孩、寵物活動的空間。

朱蕉
Cordyline

- 科別：龍舌蘭科
- 光線需求：全日照～半日照
- 澆水頻率：土稍乾再澆水，或水耕

原產於東亞至太平洋，葉大色亮，長在莖部末端，質感如同香蕉葉。莖部下端光禿，有一節節的莖節，又被稱為紅竹、朱竹。朱蕉有許多的園藝栽培種可供應用，葉面有綠、紅、紫褐、赤褐色、黃、乳白等斑紋變化，葉形也有寬窄長短的差異。

■ **亮葉朱蕉**
常作為過年應景喜慶使用。

✿ 栽培方式

朱蕉生長力強，耐陰、耐旱、耐潮，但若直射日照過於強烈，葉面會產生焦葉曬傷。稍具耐旱性，土稍乾再澆水。紅葉、斑葉品種在光線充足且日夜溫差大時，葉色會更加鮮明。

✿ 佈置應用

色彩、外型變化多端的朱蕉屬於獨特性強的觀賞植物，帶有舒適、活潑的熱帶氣息，株形大方又象徵步步高升、喜氣洋洋之意，用來點綴起居環境十分討喜。插花或組盆上也運用廣泛，觀賞期長，組盆後擺放室內半日照環境最為恰當。

■ **安德烈小姐**
帶有斑紋的朱蕉，適合擺設在純淨的背景之前。

朱蕉品種大觀

　　朱蕉的特色是葉片簇生於莖頂、莖幹直立、變異種繁多，因而又有觀葉植物之王的美名。葉形依品種有長橢圓形、披針形、卵形、流線形，葉面斑紋則有黃、白、紅、紫褐、綠等變化。

■ 君度朱蕉

葉色橙紅帶綠，具有活潑氣息，其鮮豔色澤讓人聯想到香醇的君度橙酒；愈是低溫環境，其葉面顏色更顯鮮豔。

■ 喀麥隆朱蕉

新生葉片為褐色帶有綠絲條紋，葉緣呈現青綠色邊；葉子愈老，其褐色褪去轉換成深綠色，植株頗具穩重質感。

■ 月光朱蕉

葉形為披針形，葉面綠中帶褐夾雜有白色細條紋，葉緣從葉基底部以白色條紋呈現；愈至葉頂端，其白條紋愈細，遠看葉緣彷若發光。

■ 彩玉朱蕉

幼葉時為乳白色葉面帶有紅色條紋邊緣，白色葉面會隨時間轉化成翠綠色，並帶有白色細紋，光線明亮或陰暗的室內環境皆能適應。

■ 細葉朱蕉

屬於栽培種，葉形為線狀披針形帶有一點波浪狀，初生葉面呈現綠色帶有細白條紋，葉邊緣則有一圈亮紅色條紋。

■ 夏威夷小朱蕉

屬於矮生種，葉呈橢圓披針形，初生葉緣擁有鮮豔的大塊紅色，老葉會轉化成深銅綠色至銅紅葉面，但是葉緣仍鑲帶紅色邊。

星點木

Dracaena

● 科別：龍舌蘭科
● 光線需求：半日照
● 澆水頻率：常保介質潮濕通氣

原產於熱帶非洲的多年生常綠小型灌木，葉片寬大呈橢圓形，葉柄較短，枝條柔軟略為下垂，層次感分明，別具柔美韻味。最主要的特色，就是葉片上密佈或白或黃的細緻斑點，如同天上繁星，而得名星點木。常見的品種有中肋為乳白色、兩側佈滿斑點的黃道星點木，與葉面佈滿黃色斑點的佛州星點木。

✿ 栽培方式

適合半日照環境，因葉片偏薄所以不耐強烈日照。性喜高溫高濕環境，周遭空氣要避免乾燥。不耐寒冷，冬季只要在14度以下，就有可能出現寒害。介質方面，選擇排水性及通氣性佳的砂質壤土為宜，要常保介質濕潤通氣，但盆底不可有積水現象，冬季減少澆水。

✿ 佈置應用

星點木的姿態清雅、葉片奪目，姿態有如竹子，擁有旺盛的分枝，茂盛的整盆植株中，總會有幾枝向上延展的莖部，線條優美，只要單獨搭配清爽簡單的白色盆器，就能發揮醒色與填補空間的功效。星點木除了是優良耐命的室內植物外，也是插花常用的材料，可以在許多插花作品與花束包裝中見到它的蹤影，也可用作室內水耕。

〔綠手指 Tips〕

雖然星點木十分耐陰，但如果長期放在陰暗處，就會導致葉片斑紋漸漸消失，建議將植株輪流置放在明亮處和陰暗處，以保持觀賞價值。

酒瓶蘭
Nolina

- 科別：龍舌蘭科
- 光線需求：半日照～全日照
- 澆水頻率：土乾澆透

❀ 栽培方式

　　全日照、半日照均可，但長期放在陰暗處，會有新葉柔弱現象。性喜高溫且耐旱，介質以排水良好的鬆軟肥沃砂土為佳，有利於酒瓶蘭幹基生長。忌盆土潮濕，給水方式為土乾澆透。酒瓶蘭的生長十分緩慢，平常要適度修剪老葉，才能促進植株長高。

❀ 佈置應用

　　生命力很強的酒瓶蘭，幼株適合作為室內小品盆栽觀賞，可搭配素色盆器，單純欣賞流洩葉形與幹基就很出色，與低矮型觀葉植物、多肉植物組合搭配也很適合。

　　原產於墨西哥，因幹基部肥胖呈酒瓶狀而得名。幼株莖幹短，隨成長而增高，莖幹直立，高可達10公尺，成株基部會逐漸變為扁球狀，肥大似酒瓶且可儲存水分，較老的植株表皮還會產生粗糙龜裂。叢生的葉片質感細緻，平滑呈革質，如髮絲般自莖頂長出，四散下垂，亦有葉片捲曲的品種。

開運竹
Dracaena

- 科別：龍舌蘭科
- 光線需求：半日照或室內明亮處
- 澆水頻率：土稍乾即澆水或水耕栽培

❀ 栽培方式

耐陰性強，常以水耕栽培，當盆器中的水減少時需加水補充，水質污濁或有異味就要換水。或者可換成培養土栽種，使用肥沃的砂質壤土，盆土保持濕潤，乾旱則較不利生長。

❀ 佈置應用

市面上有長短粗細不同的規格，運用栽培技術，可將莖誘引成各種彎曲造型，除了瓶插水耕，也可作成高低或旋轉層次，增加觀賞的變化性。逢年過節、新居落成、開幕誌慶也都是象徵開運、步步高升的極佳花禮。

別名萬年竹、綠葉竹蕉，因其葉片質感像蕉、莖部的節位又像竹而得名。通常栽培於苗圃，生長到一定程度之後，切下來拿到市面上販售，因此購買時沒有根鬚或僅有短短的根鬚。隨著栽培，會再新生根鬚，並逐漸長出青翠的葉片。

[綠手指 Tips]

如果發現莖部枯黃或有斑點等異狀，須盡早抽出，更換健康的枝條，以免擴大感染。

蓮花竹
Dracaena

- 科別：百合科
- 光線需求：半日照～稍陰暗
- 澆水頻率：土略乾再澆水或水耕

❀ 栽培方式

　　喜歡溫暖濕潤和半陰的生長環境，若以土耕，建議使用疏鬆肥沃且排水良好的砂質土壤，每月施一、兩次氮肥，以維持葉色翠綠。若是長時間放置在過於蔭蔽的環境，葉片會有漸漸變黃脫落的現象，需要補充光照。平日可適當噴水增加空氣濕度，防止葉片枯黃。

❀ 佈置應用

　　蓮花竹四季常綠，室內也可採用水耕栽培，簡易好照顧，居家各空間都適宜栽培。因為名字的關係，又富有竹韻，也很適合作為神案供花擺設。

　　蓮花竹是常綠叢生灌木，莖桿筆直、端莊大方，掌狀裂葉6～8枚簇生於頂端，葉片圓厚飽滿，顏色翠綠，像一朵盛開的蓮花，具有中式或田園的風情。

蜘蛛抱蛋

Aspidistra

- 科別：百合科
- 光線需求：半日照
- 澆水頻率：土壤略乾就澆水

❀ 栽培方式

耐陰性極強，於陰暗處葉色會更濃綠，過多日照會使葉片黃化，不懼冷熱，土壤略乾就澆水。

❀ 佈置應用

窄葉種植株矮小，適合矮櫃、茶几擺飾，寬葉種葉叢鬆散，適合單盆欣賞，與青花瓷盆等中國風盆器最搭配。

原產於中國，因外型如大蜘蛛抱著白色卵囊而得名，作花藝使用時稱為葉蘭。其葉片自土中走莖長出，雖為薄革質但十分強韌，作為葉材也有1周以上的觀賞壽命。因生命力強而受到市場重視，有星點、線條、曙斑等品種。

佈滿星點的品種。

美人蕨
Blechnum

- ●科別：烏毛蕨科
- ●光線需求：半日照
- ●澆水頻率：土稍乾便澆水

✿ 栽培方式

好半日照且潮濕環境，耐旱性差，栽培時應注意水分供給。若放置於冷氣房或環境溼度不足時，可朝葉面噴霧補充水分。

✿ 佈置應用

植株型態為7吋的中等尺寸，可以應用在落地角落或矮櫃高度欣賞。濕氣較重的浴室也剛好適合來自潮濕雨林的美人蕨生長。

別名富貴蕨，原產於南美洲，株高可達1公尺，莖部粗短直立，主軸為圓柱形，密生有紅棕色鱗片。批針形葉片簇生於主軸頂部，羽狀複葉，具有頂羽片。葉脈為網狀，孢子囊就沿著最初的網脈生長，且向外密佈葉脈。

美人蕨與斑葉毬蘭的組合盆栽，形成前低後高的組合觀賞效果。

山蘇
Asplenium

- 科別：鐵角蕨科
- 光線需求：半日照
- 澆水頻率：介質常保濕潤

山蘇是一種常綠的草本大型蕨類植物，雖然大部份的蕨類植物適合種在有遮蔭和溼度高之處，但山蘇卻十分適合放在室內種植。它擁有葉脈為黑色、葉緣波浪狀的戟形葉片，最長可達1公尺，叢生的葉片中央會形成纖維質的巢，可接收雨水、落葉，留住水分和製造養分。

栽培 Q&A

Q 山蘇的葉片有黃化現象，為什麼？

A 山蘇葉片產生黃化，有可能是因為光線太強或是溫度過低引起。夏季是山蘇的生長期，光線過強的話，會造成葉片黃化、植株矮小，甚至產生燒灼現象，至少要遮光 70 ～ 80% 才足夠。到了冬季，如果氣溫低於 15 度，葉片也會有黃化現象發生。

✿ 栽培方式

山蘇雖然耐旱但忌強光直射，在半日照的遮光環境生長良好。山蘇有發達的氣生根緊固腐植質，以有機質成分高、保肥性佳的介質為主。在夏季高溫下生長快速，到了冬季，低溫會導致生長緩慢。喜好潮濕環境，介質要常保濕潤，夏季可配合噴霧提高濕度、降低溫度。

✿ 佈置應用

山蘇使用性廣泛，可單盆觀賞、組合使用，也有種植於蛇木柱上的聚集組合方式，可模擬自然生態之美。時序若是夏日，不妨將山蘇葉捲起，投入玻璃容器中作底，再放入直立葉片作為主角，就成了夏日最清涼的景色；也可利用杯盤為花器，與季節花卉進行小品搭配。

鈕扣蕨
Pellaea

● 科別：鳳尾蕨科
● 光線需求：半日照
● 澆水頻率：土乾即澆水，葉片厚，稍具耐旱性

❀ 栽培方式

耐陰性佳，容易栽種，需將盆栽放在陰涼通風的位置，使用排水透氣的培養土，最重要的是澆水，尤其夏季氣溫高需特別注意充分給水，盆土稍乾即澆水，必要時早晚各澆一次水。

❀ 佈置應用

鈕扣蕨有如鄉間小路旁田埂的蕨葉，簡單又好照顧，可隨意搭配器皿，為陰暗的浴廁增添綠意，製造鮮活綠色氧氣。當植株生長繁茂，還可以用吊盆方式觀賞。

多年生草本，呈匍匐蔓性生長，莖可長達10～20公分。葉片光滑富光澤，形狀與大小就像是成排的鈕扣，所以得此名稱。鈕扣蕨葉片茂盛，對光和肥需求不強，屬於蕨類中強健的種類，適合喜好蕨類的入門者栽培。

翡翠木
Crassula

- 科別：景天科
- 光線需求：半日照
- 澆水頻率：土乾再澆透

❀ 栽培方式

半日照為主。介質可以選擇砂質壤土與腐植質土，並添加粗沙與細蛇木屑，可幫助於根部生長。翡翠木屬於多肉質的半木本植物，本身儲水能力極佳，所以待盆土偏乾再澆水以免腐爛。定期修剪枝條，也能讓分枝增加，讓植株型態更茂密。

當溫差較大、日照充足時，葉緣會有紅邊。

❀ 佈置應用

耐種好養的翡翠木，只要給予室內窗邊遮蔭之處、或是室內明亮空間，都能保持鮮綠久久。單株種植可加上點綴裝飾，增加故事情境感。

原產於南非、北美洲的多肉質亞灌木植物，又稱玉樹、發財樹。因為葉片肥厚光澤、狀似錢幣，在商店、企業空間都很常見。其株高可達1公尺，矮株也有30公分，倒卵形的葉片對生，簇生於枝端，葉片周圍偶爾會出現紅色紋線，翡翠木的老莖呈現木質化，看起來跟竹節一樣，節痕明顯。植株四季常綠，到了冬末春初會開出小花。

觀葉秋海棠

Begonia

● 科別：秋海棠科
● 光線需求：陰暗至半日照
● 澆水頻率：土稍乾便澆水

❀ 栽培方式

　　觀葉秋海棠可分為有地下根莖的叢生葉種類，與莖部直立的立莖性種類，地下根莖的種類十分耐陰，以燈光照明即能生長；立莖性種類需要較充足的光線，喜好半日照到全日照光線。此外，秋海棠的葉片薄嫩，介質稍乾就要澆水，葉片佈滿皺褶細毛的品種，在澆水時盡量不要澆到葉片，以避免腐爛染病。

製作成可以維持濕潤的苔球，也很符合觀葉秋海棠的水分需求。

　　擁有龐大家族體系的秋海棠，分佈於全球溫暖地區，雜交品系已達數千種。在眾多品系之中，較大的一類是葉片奇詭多變的觀葉秋海棠。與一般觀花為主的海棠不同，此種類主要在欣賞葉形變化、葉片色彩與斑紋變化，花朵則平淡無奇。

✿ 佈置應用

地下根莖種類可單獨擺飾，要保持其生長旺盛，重點就在營造局部高溼度，可與習性相近的植物搭配，使用水族箱種植或作組合盆栽，這種會走莖的種類，較適合低矮盆器。其中較常見的品種，有皺葉且擁有深色十字斑紋的鐵十字秋海棠；葉片具閃亮光澤、葉脈泛紫的撒金秋海棠；與纖毛直挺、葉緣有棕色斑點的眉毛秋海棠……，斑紋變化萬千的品系能與盆器產生鮮明對比。

觀葉秋海棠品種大觀

葉色變化極為豐富的各式觀葉秋海棠品種。

■ 鐵十字海棠

■ 銀海棠

■ 太陽秋海棠

■ 虎斑海棠

■ 紅葉蝦蟆海棠

■ 紅櫨葉秋海棠

■ 地毯秋海棠

■ 金線秋海棠

■ 吉日秋海棠

栽培 **Q&A**

Q 觀葉秋海棠的葉片尖端枯黃，為什麼？

A 這是因為植株周遭的空氣溼度過低所引起，觀葉秋海棠喜愛高溼環境，可以在盆栽四周填置濕泥炭土，也要記得在土表噴水保溼，但切忌不可噴濕葉面。

硃砂根（萬兩金）

Ardisia

- 科別：紫金牛科
- 光線需求：半日照
- 澆水頻率：土稍乾便澆水

✿ 栽培方式

喜好濕度較高的環境，可經常對葉片噴水。夏季開花時期，應栽培於戶外，才能藉由蟲媒授粉，提高結果率。果實觀賞期結束後，施用長效性肥料補給生長所需養分。

✿ 佈置應用

紅色是象徵喜慶的色彩，冬季結果時期，在花市也很容易見到結實累累，經過裝飾的硃砂根吉祥盆栽，購買之後可放置於玄關、客廳桌櫃上觀賞，在明亮通風的環境，可以延緩果實老熟，欣賞2～3個月。結果期過後，還是建議移出戶外栽培，以免植株日漸衰弱。

硃砂根是常綠小灌木，由於會結出如同紅色珊瑚珠垂吊的成群果實，圓潤飽滿、賞心悦目，因而被栽培為觀賞盆栽，且有吉祥招財的寓意，而得到「萬兩金」的雅稱，是年節居家佈置、商店大發利市的最佳觀賞植物。

魔盤草

Dorstenia

- 科別：桑科
- 光線需求：半日照
- 澆水頻率：介質略乾就澆水

✿ 栽培方式

以半日照環境為佳，擁有極佳耐陰性。不耐旱，介質略乾就澆水，須維持環境溼度。

✿ 佈置應用

應用方面，奇特的花朵造型是其特色，十分珍奇，其化序構造、授粉、種子傳播之生態，可作為自然觀察的教材。

花朵頂生，小小一朵呈扁平盤形狀宛如薑傘，幾乎隱沒其中。

原產於巴西，為多年生草本或半灌木。莖部肉質，卵型或長橢圓形的葉片互生，葉面有光澤，葉緣呈疏鋸齒狀。扁平盤型的頭狀花序從葉腋伸出，形如薑傘，表面為深紫或黑褐色，微小花朵密佈其上，果實細小且呈顆粒狀凸起，成熟後會彈出散播。

空間焦點

1 呎 以 上
大型植物盆栽

大型植物盆栽擺設要領

人類視野的最佳範圍，在視平線以上40度到以下20度之間，俯視角若大於13度會帶來舒適寧靜感。相對應於如此大的視野範圍，處於挑高寬敞的大空間內，能盈滿視覺範圍的，便是1呎以上的大型觀葉植物，或利用高挑型或大盆器來栽植，營造大型植物盆栽的視覺效果。

無論是寬敞的客廳、大型會議室、入門玄關、臥房角落、落地窗旁，大型觀葉都能營造強烈視覺焦點，發揮填補空間、創造綠意的功能。

推薦植物Top5

■ 粗肋草
推薦原因
品種五花八門，不論空間的裝潢是哪種風格，都能選擇搭配的品種。

■ 羽裂福祿桐
推薦原因
細碎密集的翠綠小葉十分優雅，而且生性強健，耐寒耐陰。

■ 孔雀木
推薦原因
葉柄細長，加上璀璨如孔雀光澤的掌狀複葉，型態甚為雅緻。

■ 黃椰子
推薦原因
枝葉展開的姿態柔美，能營造熱帶風情與休閒氛圍。

■ 印度橡膠樹
推薦原因
具有抗汙染、抗乾旱的特性，耐害性強、分枝少，不需修剪，照顧容易。

澳洲鴨腳木

Brassaia

- 科別：五加科
- 光線需求：半日照～全日照
- 澆水頻率：土稍乾即可澆水

❁ 栽培方式

喜歡高溫多濕，全日照或半日照環境皆可，但若通風不良易生病害。可定期將枯黃的葉片從葉柄處剪除，以免細芽過多會顯得雜亂。如果葉子生長稀稀落落、葉片枯黃下垂，代表養分不足，需要給予肥料照顧。

❁ 佈置應用

市面常見種類為180～200公分高的超大型盆栽，全株光澤而有清潔感，綠化效果顯著，作庭園樹效果也很好。

又稱鴨腳木、射葉鵝掌柴，原產於澳洲的常綠喬木，植株高大，可至2～3層樓高，莖幹平滑，葉色濃綠，葉片為互生的掌狀複葉，因狀似鴨腳而得名。4～5月為花期，花頂生，花色淡黃。

孔雀木

Dizygotheca

- 科別：五加科
- 光線需求：半日照
- 澆水頻率：土乾便澆水

孔雀木葉片深裂呈掌狀。

✿ 栽培方式

半日照環境為主，植株耐陰，可以擺在窗邊，也可放在屋外牆角，但不能夠置於太陰暗處，也要避免陽光直射。喜好溫暖的氣候，冬季環境不可低於15度。給水方面，春季至秋季給水都正常，土乾就要澆水，冬季則要減少給水，四季都要維持適當空氣溼度，定時對葉片噴水，但盆底不可積水。

✿ 佈置應用

孔雀木多為7吋盆與1呎盆的規格，植株高度從100公分至150公分都有。孔雀木的葉片外型纖細多邊，所以擺放空間的背景不能過於複雜，適合擺在素面牆邊。其植株多為單獨栽植，與其他植物搭配的效果不彰。盆器土表鋪上潔白的小石子，別具清爽姿態。

木本常綠灌木或喬木，部分為藤本，品種很多，但皆為掌狀裂葉，其中許多品種如人參、五加等都具有藥效。姿態優美、分枝細密、外形細緻，型態猶如孔雀開屏，葉色為墨綠或褐黑色，葉緣為鋸齒狀。一般栽培應用的孔雀木，其實都是處於幼年狀態，幼小植株的灌木型態頗似精緻的蕾絲紋路，但是日漸成長之後，孔雀木的葉子會變大變寬，尤其以戶外種植最為明顯。

福祿桐
Polyscias

- 科別：五加科
- 光線需求：半日照
- 澆水頻率：土乾再澆水

福祿桐因名字象徵著多福多祿多壽，又稱富貴樹。植株高度1～3公尺，枝條上有明顯皮孔。多變的葉形因品種而異，白綠色花朵為繖形花序，外型小。果實為圓形，成熟時顏色會由綠轉黃。品種多變，台灣常見葉緣鑲有乳黃色邊的斑紋福祿桐，葉片如羽毛般細緻的羽裂福祿桐與葉緣有鋸齒的白雪福祿桐等。

✿ 栽培方式

半日照為主，光線適應性強，能適應太陽直射，在馴化之後也能忍受陰暗環境，僅靠散射光或燈光就能正常生長。不耐旱，春至秋季水分供給正常，土乾就澆，冬季則要減少給水，葉片也要經常噴霧，以維持空氣溼度。不耐寒，寒流來時會落葉，適合放在室內窗邊溫暖且通風良好之處。

✿ 佈置應用

福祿桐耐陰性很強，姿態優雅，造型有變化。一般樹形盆景在室內不易存活，但福祿桐卻可以。常見為落地大型盆栽，才能顯現氣勢，也適合放在辦公室或公共空間當園景主題樹，或者放在角落裝飾。

另外，羽裂福祿桐亦可剪成灌木叢狀，3吋迷你盆栽就像小樹般，取一寬盆多種幾株，就有小森林的效果，很適合當作盆景應用。

■ 羽裂福祿桐

■ 白雪福祿桐

栽培 Q&A

Q 福祿桐一更換環境，葉片顏色就改變了，是為什麼？

A 福祿桐是對光線劇烈變化很敏感的植物，面對環境轉變，容易發生黃葉、葉色暗淡的問題，因其對光線變化敏感，假如自室外移至室內時，需逐步降低光度讓其適應環境。

鵝掌藤

Schefflera

- 科別：五加科
- 光線需求：半日照～全日照
- 澆水頻率：土稍乾再澆水

　　原產熱帶和亞熱帶，有一般綠葉與斑葉品種，幼時呈常綠灌木狀，其最大特色是掌狀裂葉，有6~12枚，成株在秋季開淡綠色或黃褐色小花，並結紅黃色球形果實，頗有觀賞價值。耐旱性強，不畏陽光直射，而且土耕、水耕皆可，生命力旺盛，所以道路二旁、公園或庭園綠籬也經常栽培鵝掌藤。

❀ 栽培方式

適應能力強，和馬拉巴栗一樣，對於日光適應範圍極廣，且耐旱又耐濕，出遠門前澆水，可以支撐相當多天不用煩惱澆水問題。如為斑葉品種，過度陰暗的地方會讓斑紋褪去，變回全綠色的葉子，而降低觀賞效果。

❀ 佈置應用

同樣是掌狀複葉，但鵝掌藤比鴨腳木更添幾許細緻質感，可選擇斑葉品種，用雅致的黃綠色塊妝點出新古典美。大空間使用一呎盆栽，綠意盎然且不用特別維護。若空間較小，市面上也有5~7吋的盆栽，規格尺寸十分齊全。

鵝掌藤品種大觀

■ 綠葉鵝掌藤

■ 斑葉鵝掌藤

粗肋草
Aglaonema

- 科別：天南星科
- 光線需求：陰暗～半日照
- 澆水頻率：葉片略萎軟再澆

粗肋草之名，是因葉片具有明顯粗大的肋脈而得，原產於東南亞濕熱的叢林中，有50多種原生品種，最早栽培的品種是綠葉粗肋草，又名廣東萬年青，因原產於廣東且終年常青而得名。其型態與黛粉葉極似，只能從革質的光滑葉片，與以銀色為主的斑紋作判斷。耐命的粗肋草在各國的育種風氣興盛，在東南亞地區甚至培育出橘色、紅色葉片的品種，但總歸來說，葉大呈戟形與短縮莖是粗肋草屬的共同特徵。

✿ 栽培方式

陰暗到半日照皆可，是天南星科中耐陰性最強的種類之一，僅靠燈光也能正常生長，日照過多會產生葉燒問題。

稍具耐旱性，需觀察葉片至略萎軟才澆水，維持高環境濕度可促進生長。

✿ 佈置應用

粗肋草特點在於斑紋多變的大葉片，以銀色為基底的葉色變化很多，從白脈、黃斑、銀斑都有，作單株觀賞宜選特殊且較有觀賞性的品種，如白脈粗肋草、白柄粗肋草等；高約50～70公分的品種，建議用於放在地面上的大型盆栽，銀后粗肋草最為推薦，大片銀色斑紋適合表現在暗色背景中，常在寬闊的走道、迴廊等空間成列排放。

粗肋草品種大觀

葉色如同潑墨畫的粗肋草，除了以綠色為基底的品種之外，也有紅葉品種可欣賞，斑駁美麗的色澤令人過目難忘。

■ 粗肋草

■ 爪哇之光粗肋草

■ 白脈粗肋草

■ 細紋粗肋草

■ 銀后粗肋草

■ 王室海賴粗肋草

■ 銀道粗肋草

■ 胭脂粗肋草

■ 白馬粗肋草

■ 亞曼尼粗肋草

紅艷的葉色頗有熱帶植物的風
情,且耐病性佳。

■ 暹羅極光粗肋草

沿葉緣勾勒的螢光粉清淡卻顯
眼,適合作葉材。

■ 暹羅極光粗肋草

沿葉緣勾勒的螢光粉清淡卻顯
眼,適合作葉材。

白花天堂鳥
Strelitzia

- 科別：旅人蕉科
- 光線需求：半日照～全日照
- 澆水頻率：介質略乾就澆水

✿ 栽培方式

　　喜歡充足陽光，全日照與半日照皆可，栽培土質以排水良好之壤土或砂質壤土最佳，性喜高溫多濕，水分供給為介質略乾就澆，根部不可積水。葉面如遇強風吹襲較易破碎，所以栽培地點應避免有強風吹襲。

✿ 佈置應用

　　姿態優雅、具有南國風情，適合單株種植於黑白色系的簡單陶盆內，盆內也可再配植其他觀葉植物互相襯托。如果在同一地點栽培多株，可將扇面調整成同一方向更為美觀。白花天堂鳥也經常用於喬遷或開幕花禮，有一飛沖天、前途光明的祝賀涵義。

　　原產於非洲，常綠灌木或小喬木，植株可達6公尺，葉片自極短的地上莖叢聚直立，猶如芭蕉扇，寬大且質地堅韌，常呈破裂狀。種植到1呎規格時，植株就已經會開花，碩大花朵自葉基部長出，花型如天堂鳥的頭冠般，花為白色。

印度橡膠樹
Ficus

● 科別：桑科
● 光線需求：半日照～全日照
● 澆水頻率：介質乾透再澆水

✿ 栽培方式

園藝栽培種葉色有翠綠、褐紅、紫黑，全日照到半日照皆宜，耐旱性強，介質乾透再澆水，因樹形粗大分枝少，所以不需修剪。

✿ 佈置應用

因其質感厚重，外型氣派，應用空間要夠寬敞，才能相協調，搭配素色大盆器擺設於居家客廳、商辦大廳都可增添穩重的氣勢，還能幫助去除室內的化學毒素，如：甲醛，是極佳的室內植物。

原產於印度、緬甸，是高大粗壯的常綠喬木。葉片如皮革般厚實，枝條末端有淡紅色托葉以保護新芽。環境適應性強，具有抗污染、抗乾旱的特性，經光線馴化後，也能在室內栽培。

琴葉榕
Ficus

● 科別：桑科
● 光線需求：半日照～全日照
● 澆水頻率：土略乾再澆水

✿ 栽培方式

　　對土壤、肥料要求不嚴，有明亮的散射光下就能生長良好。若生長已呈現頭重腳輕，可在春季換盆，或使用較重的盆器，以防花盆傾倒。琴葉榕因葉片寬幅而容易堆積灰塵，可定期使用濕布擦拭除塵。

✿ 佈置應用

　　葉色濃綠質厚，株形體面大方，耐陰性強，可以長期放在室內，只需有燈光即可維持正常樣貌。市面上常見8～10吋盆栽，放置在客廳、會議室等角落，綠化效果突出。

　　常綠灌木或喬木，原生地樹高可達十公尺以上，喜愛溫暖濕潤的環境，葉為全緣革質，由於葉片先端膨大，呈提琴形狀而得名琴葉榕。

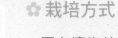

斑葉海桐
Pittosporum

● 科別：海桐科
● 光線需求：半日照～全日照
● 澆水頻率：土稍乾時澆水

✿ 栽培方式

可在濱海地區及都□街道旁的景觀綠化中□到，常修整成綠籬及圓□造型。栽培介質不拘，土壤的適應性強，但根忌積水潮濕，用於室□觀賞，因日照較少，枝略鬆散，可在春～秋季季施用一次長效性綜合□料，補給養分。

✿ 佈置應用

斑葉海桐的葉緣有□斑，讓非開花期的海桐□具有觀賞性，其堅毅特□與厚實葉片，很適合用□瓦質地的大型盆器盛裝□

原產於亞洲與非洲，是一種能夠適應海岸強烈日照和強風吹打的濱海植物，經園藝栽培改良而成斑葉品種，一般維持在1.5～3公尺之間。枝條平滑，多分枝，擁有厚實葉片，葉為革質，葉面有白色斑紋，對環境適應性強。開花期春末至夏季，花色白，芬芳撲鼻。

魚尾椰子
Chamaedorea

● 科別：棕櫚科
● 光線需求：半日照
● 澆水頻率：土稍乾即可澆水

✿ 栽培方式

半日照為主，耐陰性強，忌強光直射，性喜高溫多濕，介質排水須良好，冬季須移至溫暖避風處越冬。

✿ 佈置應用

葉片外貌似魚尾，在佈置上頗具新鮮感，室內長時間擺設仍可保持葉色翠綠優美。除作盆栽擺設，也可作組合盆栽或花藝設計的葉材。

別名玲瓏椰子、金光茱馬椰子，原產於墨西哥雨林區，葉片先端分裂，外形如魚的尾巴，所以得名「魚尾椰子」。葉色從綠到深綠都有，葉片上帶有紋路，生長勢強而且耐陰、很少病蟲害，是極佳的觀葉植物。

黃椰子

Chrysalidocarpus

● 科別：棕櫚科
● 光線需求：半日照
● 澆水頻率：土稍乾即可澆水

✿ 栽培方式

屬陽性植物，喜高溫多濕，但也耐寒耐陰，露天栽培可以長到8公尺高，室內盆栽則修剪控制在1.5公尺以內為宜，具有清淨室內空氣的功能。室內觀賞每隔一段時間，建議移出室外接受天然雨露滋潤，幫助其正常發育。

✿ 佈置應用

植株曲線柔和，葉片寬大，擺設一株便能營造清新翠綠的情境。羽狀複葉的葉片，也是很好的切葉花材。

黃椰子為羽狀複葉，葉片寬大。

棕櫚科多年生木本植物，原產地為馬達加斯加，葉的正面、背面都呈黃綠色，葉柄和葉片均為黃褐或黃綠色而得名黃椰子。和一般椰子植物同樣生性強健，不需任何特殊管理。

棕竹
Rhapis

- 科別：棕櫚科
- 光線需求：半日照
- 澆水頻率：土乾再澆水

棕竹又稱觀音棕竹，葉形質感輕盈柔美、姿態雅致，是常綠觀葉植物。喜好溫暖潮濕、通風良好的環境，可耐受至0℃左右低溫。棕櫚科植物有一個共同特徵，就是唯一有生長能力的生長點，只存在於莖部頂端，也就是說如果剪除一枝莖幹，就宣告其無法再生長了。

❀ 栽培方式

半日照環境為主，只需要窗邊明亮的光線，或是人工光源就能生長。給水方面，土乾再澆水，勿讓根部積水。若是葉尖有褐化現象，最可能的主因是植株周遭環境溼度太低、空氣太乾燥導致，在炎熱的夏季時，葉片應該要定時噴水，提高濕度，植株放置處要避免強風、冷氣吹襲。

❀ 佈置應用

角落放置一盆棕竹便能輕鬆打造熱帶風情和悠閒景觀空間。應用上只需把握最重要的原則，就是不要把植株放置在雜亂的背景前，才能欣賞葉片開展的優雅姿態。

圓葉刺軸櫚
Licuala

● 科別：棕櫚科
● 光線需求：半日照
● 澆水頻率：土稍乾即可澆水

✿ 栽培方式

　　性喜溫暖蔭蔽，生長緩慢，耐陰而不耐寒，冬季會停止生長，若環境過於寒冷，會因寒害而乾枯，所以也要避免冷空氣或冷氣直吹。

✿ 佈置應用

　　圓葉刺軸櫚擁有如蒲扇般雨林氣息的大型圓葉，擺設在大廳等較寬廣的空間，能讓人感受到獨特的叢林熱情，妝點出異國風情，也很適合具現代感裝潢的空間。

　　原產地為新不列顛島、新幾內亞，多年生灌木或小喬木植物，又稱圓櫚、圓扇椰子、圓葉軸櫚。葉掌呈橢圓形、半圓形或扇形，輕輕搖曳，頗有帶走暑氣的味道。

香龍血樹
Dracaena

- 科別：龍舌蘭科
- 光線需求：陰暗～半日照
- 澆水頻率：常保介質潮濕

✿ 栽培方式

喜好溫和環境，以陰暗至半日照環境為主，適合放在東向或西向有遮蔭的窗口。給水方面，要隨時保持介質濕潤，冬天則是減少給水，但不能讓介質乾燥。

✿ 佈置應用

龍血樹的莖幹高挑、葉片寬大，特別適合挑高的起居空間，在大型空間內綠化效果奇佳。此外，龍血樹也是慶祝開幕、喬遷最常用的花禮。

■ 中斑香龍血樹

原產於中南美洲，又名巴西鐵樹、幸運樹。大多數的龍血樹屬植物都屬於偽棕櫚型植物，莖幹木質化且無葉片著生，葉片叢生於莖頂，使其姿態與棕櫚極為神似。香龍血樹的外型強健，葉片長約2呎，葉型寬闊有光澤，有幾個常見的變種，如葉片底色為綠色，邊緣鑲嵌黃色的黃邊香龍血、葉片帶有寬闊黃色條紋的黃紋香龍血。

千年木
Dracaena

● 科別：龍舌蘭科
● 光線需求：半日照
● 澆水頻率：介質微乾就澆水

原產於熱帶非洲、馬達加斯加島的常綠灌木，別名竹蕉、細葉竹蕉、金絲竹等。此類型植物的生長緩慢，木質莖幹細長挺立，葉片細長，葉色為綠色，於莖幹頂端叢生，呈放射狀生長，排列疏落有致，一般種植時建議將頂端莖部剪去，如此一來可促進側芽，讓株型趨於緊密，呈現美麗的叢狀。

✿ 栽培方式

半日照為主，夏天避免陽光直射，特別品種如彩色千年木，因擁有多彩葉色，需要更多光源，否則葉色會褪去。環境濕度高對植株生長有幫助，夏秋兩季可向葉面噴水，避免葉尖產生焦枯，具有耐旱性，介質微乾再澆，且需選擇排水良好的介質，避免根部浸水。

此外，因千年木生長緩慢、葉片不易脫落，葉面容易累積灰塵，須定期清潔擦拭以維持美觀，並促進生長。

✿ 佈置應用

千年木因為擁有環境適應性強、對病蟲害有高度抵抗力等優點，而成為公共空間和室內綠化要角。普遍而言，其葉叢較大，除了密葉千年木有生產3吋規格，其餘皆以7吋至1呎盆為多，高度從50公分至150公分都有，很適合放在樓梯轉角、寬闊空間上，觀賞效果都很好。最常見到的品種為密葉千年木，它的生長緩慢且耐陰性最強，也能忍受日照，無論室內室外、大空間或小空間都能使用。

千年木品種大觀

千年木的葉片有著不同的線條和斑紋，常見的有白斑、黃斑與翠綠等，以下為常見的幾種。想欣賞葉形葉色，可選擇葉緣有明顯斑紋的金線竹蕉、白紋竹蕉。

■ 阿波羅千年木

■ 五彩千年木

■ 黃金千年木

■ 檸檬千年木

黃邊百合竹

Dracaena

● 科別：龍舌蘭科
● 光線需求：半日照～全日照
● 澆水頻率：土略乾再澆水

❀ 栽培方式

　　性喜高溫多濕，栽培處全日照或半日照均能成長，可使用腐葉土或富含有機質的砂質壤土。每月少量施用一次綜合肥料，可促進葉片美觀。百合竹對水分需求不嚴，耐旱又耐濕，增加空氣濕度則生育較旺盛。

❀ 佈置應用

　　百合竹因象徵著百年好合、竹報平安之意，也是受歡迎的吉祥植物，用於升遷、開幕、致賀都是很好的花禮。另外，還可切下莖葉，用水耕方式栽培亦可順利發根生長。

百合竹大型盆栽和中型盆栽，各有不同的美感。

　　百合竹為常綠灌木或灌木狀草本，葉色全綠，劍狀披針形，無柄而有革質光澤。黃邊百合竹是葉緣有黃色條紋；金邊百合竹則是葉脈中央有黃色縱紋。

王蘭
Yucca

- 科別：龍舌蘭科
- 光線需求：半日照～全日照
- 澆水頻率：土乾再澆水

🌸 栽培方式

耐旱性強，生命力旺盛，盡量給予充足日照，光線不足較易徒長、染病。若有下垂的枯黃老葉可以剪除。

🌸 佈置應用

姿態堅挺有形，富有正直陽剛之氣質，適合大廳、會議室、大坪數客廳擺設，營造剛毅沉穩的氣氛。市面上100～200公分高的盆栽皆有，高度越高，搭配的盆器也越深，許多設計師喜愛用它來搭配商業空間。若有小孩或寵物活動，則需留意葉片的銳刺。

屬常綠性多肉灌木植物，在原產地可生長高達數公尺。葉劍形，螺旋密生於莖頂挺，類似龍舌蘭，但有明顯莖幹，園藝品種眾多，如：象腳王蘭、斑葉象腳王蘭、刺葉王蘭…。

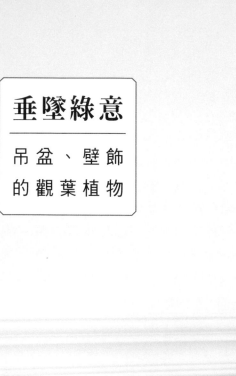

垂墜綠意

吊盆、壁飾
的觀葉植物

🌿 吊盆、壁飾植物擺設要領

　　由下往上生長，是植物定律，但若是想利用吊盆打造出立體花園，最適合的便是具有蔓性且耐陰的植物。它們有些擁有懸垂性，莖葉能如流瀑般延展，有些擁有攀爬性，如果沒碰到可攀爬物體，將之垂吊就會微微下垂。只要找出家中挑高角落，可以掛在牆壁上當作壁飾，也可以懸空吊掛在窗畔或是浴室鐵架上。只要抬頭欣賞就能得到另一種觀賞視野，也能看見更立體的綠意。

> ### 〔 綠手指 Tips 〕
>
> 　　因多採懸掛方式，需考慮澆水是否會弄濕室內地面，可在種植時以水草鋪底作為防水層，防止水分滲出，再以發泡煉石作隔水層，防止根系浸泡於潮濕介質中，最上層採用質地輕、保水力強的介質栽種。

🌿 推薦植物Top5

■黃金葛
推薦原因

對光線適應力強，土耕或水耕皆宜，是經典不敗的入門款室內植物。

■百萬心
推薦原因

垂曳的姿態優雅，成排種植還可形成浪漫的綠簾效果。

■黃金錢草
推薦原因

葉色明亮金黃，對於空間的點綴效果佳，小品欣賞或組合設計皆適宜。

■串錢藤
推薦原因

可愛圓葉十分討喜，商品名稱吉利，且耐旱性佳，照顧容易。

■吊蘭
推薦原因

葉色清涼，走莖的特色讓它格外吸睛，可讓空間增加律動感。

常春藤
Hedera

● 科別：五加科
● 光線需求：半日照
● 澆水頻率：土乾便澆水

常春藤是原產於歐亞溫帶地區的常綠蔓藤植物，台灣低中海拔森林中，也有一種台灣常春藤，葉色深綠，造訪山林時，不妨觀察林木的樹幹上，或許可發現它的蹤跡。常春藤的莖上會長不定根來攀附物體，掌狀形葉片串連在一起，質感柔細優雅，品種很多，是常見的室內吊盆植物。歐洲常春藤和加拿列常春藤是市面上最常見的品種，購買時挑選葉色亮麗、斑紋清晰、生長茂盛飽滿者為佳，全綠常春藤也較其它有斑紋的品種耐陰。

❀ 栽培方式

以半日照為主。枝葉茂密的常春藤雖也能適應全日照，但台灣夏熱高溫，易使常春藤生長衰弱且引發病蟲害。冬季要有良好光線，夏季避免陽光直射，光線陰暗會使斑葉紋路消失。不耐旱，土乾便澆水，夏季維持盆土濕潤、充分給水，冬季減少給水，但須避免介質乾燥，葉片缺水會馬上枯萎，定期於葉面噴水有助於生長，否則會導致葉尖褐化。

✿ 佈置應用

常春藤是極佳的室內裝飾植物，不僅可當吊盆使用，也是盆栽組合的基本材料，還能作為綠牆、綠雕的材料。作吊盆使用，有5～7吋吊盆和3吋迷你盆栽可選擇，其姿態優雅，不論單獨垂吊或掛貼於壁面，都能欣賞柔美的藤蔓垂墜。其中，小型的3吋盆最適合用在組合盆栽中，就算單獨擺放也很可愛。

常春藤用於組合盆栽，可欣賞柔美的垂墜視覺效果。

常春藤品種大觀

歐洲常春藤的葉型很多，有楓葉、心形、菱形、皺葉等變化，色彩還有全綠、斑葉、網脈等斑紋，可依喜好做選擇。

■ 白斑常春藤

■ 綠葉常春藤

■ 黃斑常春藤

栽培 Q&A

Q 1. 常春藤的葉片變得越來越小且稀疏，莖部也變得細長，為什麼？

A 有可能是因為兩個原因，其一是光線不足，需給予植株明亮的半日照環境，並避免陽光直射；其二有可能是正常的老化現象，基部葉片會正常老化掉落，細長的莖部只要剪除即可。

Q 2. 常春藤的葉斑部分漸漸消失，變成了綠色，為什麼？

A 可能是因為光線不足或植株生長空間不夠所導致。斑葉品種如果種植在陰暗環境中，葉片斑紋會褪去而變成綠色；如果未把握適當換盆時機，空間不足的植株也會產生此種現象。

黃金葛

Epipremnum

● 科別：天南星科
● 光線需求：陰暗～全日照
● 澆水頻率：土乾再澆水

　　原產於所羅門群島，天生就帶有黃色斑紋。黃金葛最大的特點，就是莖上的葉片會因為不同的生長方式，而產生不同型態。若將其當作吊盆，莖蔓向下垂曳生長時，葉片就會逐漸變小；若將其種植在地面上，當莖端碰到樹幹、牆面等垂直面或可攀附物時，便會向上生長，莖上也會長出氣生根以攀附物體，葉片則會越變越大以吸收更多陽光。所以黃金葛的葉片大小，相差可達數十倍。

❀ 栽培方式

全日照、半日照到陰暗環境都可以生長，但是若長期光線不足，葉片上的斑紋會逐漸消失，最後完全變成綠色，但在夏季陽光強烈時，全日照環境會產生日燒問題，所以建議置放於室內窗邊、陽台與樹蔭下等半日照環境較佳。稍具耐旱性，土乾便澆水，盆底不可積水。

❀ 佈置應用

黃金葛生長快速、繁殖容易，且具有攀附生長的特性，3吋盆的迷你型黃金葛，美麗的葉色與葉形很適合當作組合盆栽的素材，夏季也很推薦使用乾淨盆器進行水耕；7吋吊盆尺寸可作單盆懸掛使用，或種在花箱裡當中庭垂簾；若當辦公室綠隔屏，推薦使用7吋蛇木柱狀黃金葛來佈置。

黃金葛品種大觀

常見品種有一般的黃斑原生種與變種的白斑，也有鮮黃色的萊姆黃金葛，因為葉色清透鮮明，常被用在造景佈置上。

■ 黃斑原生種

■ 萊姆黃金葛

萊姆黃金葛葉色清透鮮明，是十分討喜的吊盆。

■ 喜悅黃金葛

近年自印度選拔出來的一種白斑變種，稱為喜悅黃金葛。

栽培 Q&A

Q 黃金葛的水耕，該如何選擇插穗呢？

A 選取水耕插穗時，要保留生長點，可以檢視每一段莖節處，是否有小小的凸起，新生嫩葉會自此生長出來。水耕時可選取玻璃杯等透明容器，搭配白色小石子、琉璃石等介質，放在半日照處就能擁有極佳效果。

鹿角蕨
Platycerium

- ●科別：水龍骨科
- ●光線需求：半日照～全日照
- ●澆水頻率：介質偏乾再吸足水分

原產於亞非的熱帶地區，又稱麋角蕨、蝙蝠蕨，是多年生的常綠附生草本植物，全世界只有18種原生鹿角蕨，大多數附生在樹木或石頭上。鹿角蕨具有兩種葉片型態，一種是像鹿角下垂，具有產生孢子能力的葉片，當葉端底部的孢子成熟後，便能隨風散落繁殖；另一種長在植株基部，葉片成扇狀，如同白菜葉般的營養葉，層層包覆於著生的樹幹上，功能是保護根部，截留雨水、灰塵、落葉等物體，供生長所需。

✿ 栽培方式

全日照至半日照皆可，避免強光直射。栽種時採附著立面生長最佳，以附生方式種植，可使用苔蘚作介質，若以花盆或吊籃種植，可使用苔蘚與少量腐葉土、碎木碳粒混合，不僅能提供養分，也能防止土壤變酸。給水方面，介質偏乾時才澆，要將基部營養葉連同附著物浸水3～5分鐘，讓介質吸足水分，但須避免營養葉中央的「孢子葉生長點」積水，並保持根部透氣，也要時時維持空氣濕度、補充水霧。

✿ 佈置應用

鹿角蕨是附生植物，栽培一般採模擬自然的立面種植法，最常被固定在蛇木板上，成為活動吊飾，可吊掛在任何地方。不但可直接綁繫在東向的岩石上，或以蛇木板、蛇木柱種植，也可固定在光禿的大樹幹上，增加樹幹豐富度。鹿角蕨擁有濃厚的異國風情，是營造熱帶雨林造景的絕佳材料。

鹿角蕨品種大觀

世界上的原生鹿角蕨只有18種，大部分的品種其實較難找到，花市中可以見到的品種有長葉鹿角蕨、亞洲猴腦鹿角蕨、皇冠鹿角蕨、象耳鹿角蕨、女王鹿角蕨、巨獸鹿角蕨等6種。

■ **皇冠鹿角蕨** *P. coronaium*
分布廣，頂端分裂形如皇冠，植株可達4公尺，是大型鹿角蕨。

■ **長葉鹿角蕨** *P. willinckii*
也稱爪哇鹿角蕨，冬或早春會長新的營養葉，栽培容易。

■ **象耳鹿角蕨** *P. elephantotis*

左右各一片的孢子葉，寬大下垂，故名象耳，栽
培容易。

■ **女王鹿角蕨** *P. wandae*

原產於印尼及新幾內亞，也是鹿角蕨中的大型種
類。

■ **巨獸鹿角蕨** *P. grande*

營養葉高大，上緣有深裂，與女王鹿角蕨樣貌類
似。

■ **亞洲猴腦鹿角蕨** *P. ridley*

是較小型的鹿角蕨，較適合種在平面上，不適合
直立栽培。

兔腳蕨

Davallia

- 科別：骨碎補科
- 光線需求：半日照～全日照
- 澆水頻率：土稍乾便澆水

🌸 栽培方式

全日照至半日照環境皆可，稍具耐旱性，但久旱會產生落葉情形，須等恢復正常供水之後才會長出新葉片。

🌸 佈置應用

觀賞方式很多，可使用蛇木板或吊盆進行栽培，或直接綁在樹幹上，任走莖四處蔓爬；亦可用較大的花箱來栽培，欣賞茂密叢生的綠意。

附生性蕨類，葉片為羽狀複葉，葉緣有缺刻，孢子囊群生於葉緣，利用發達的走莖與細根攀附在樹上，因走莖的末端覆滿銀白色的線狀針形鱗片，躲在草叢中看起來就像毛茸茸的兔子腳，因而得名。

兔腳蕨花箱。

海洋之星
Bacopa

- 科別：玄參科
- 光線需求：半日照～全日照
- 澆水頻率：頻繁澆水，避免介質過乾

✿ 栽培方式

全日照至半日照皆可，光線需求量高，光照不足會造成莖葉徒長及黃化。喜好溫暖潮濕的環境，夏季水分蒸發迅速，需每日給水。

✿ 佈置應用

適合作為小品觀賞，也可以在水族箱內種植營造另一番姿態。

原生於熱帶及亞熱帶地區的多年生草本植物，又名水過長沙、卡羅萊納過長沙，當初由水族業者引進台灣，莖上密生有白色細毛，精巧細緻的葉片對生，花朵為淡紫或藍色的冠狀花。

[綠手指 Tips]

海洋之星水分需求量極高，失水時莖葉會呈現下垂疲軟，此時可將植栽浸泡於水中2～3小時，等待吸飽水分、回復生機。

垂葉武竹
Asparagus

- 科別：百合科
- 光線需求：半日照
- 澆水頻率：土略乾即澆水

因為莖部似竹而有刺故得名，又叫做天冬草、密葉武竹。雖然名稱中有「竹」，但並非竹子，而是屬於百合科天門冬屬的多年生常綠宿根性草本植物，一般在校園、公園裡都很容易發現它的蹤跡。葉片已退化成針狀或消失，質感細緻，姿態變化萬千，或柔細或剛強，還有蜿蜒蔓爬的品種，也是因為它的葉形奇特、紅色果實鮮艷誘人，特別具有觀賞價值。其根部還擁有肥大的儲藏根，可以儲存水分，自根部抽枝的長葉是武竹的重要特徵。

✿ 栽培方式

喜愛潮濕且通風良好的半日照環境，避免日光直射，介質略有乾燥便給水一次澆透。

✿ 佈置應用

雅致姿態很適合以陶盆栽培，帶有迷你竹子之韻味。闊葉武竹莖枝纖細，可用以攀爬造型架；鐮刀葉武竹則適合以吊盆或花箱栽培。

吊蘭
Chlorophytum

- ● 科別：百合科
- ● 光線需求：半日照
- ● 澆水頻率：土乾澆透

原產非洲熱帶地區，在200年前就已被當作室內植物使用。吊蘭生長快速，葉片線條柔細，色澤鮮綠且帶有乳白色條狀斑紋，葉形弧度如蘭，其株形為叢生狀，而且有垂下的走莖，時序進入春夏時，細長懸掛的走莖上會生出纖細白花和幼小植株，小植株懸掛在盆外，形如紙鶴，所以在日本又稱為「紙鶴蘭」。

❀ 栽培方式

半日照為主，須避免陽光直射。綠葉與鑲邊品種因葉片較厚，能適應較強光線，中斑與闊葉斑品種因葉片薄嫩，只能處於半日照環境。水分供給方面，應充分給水但盆底勿積水，冬季則減少給水，因吊蘭類根部為肉質根，盆土積水易爛根，薄葉品種則較不耐旱。耐寒性不佳，若懸掛於陽台，冬季應移入室內養護。

❧ 佈置應用

　　因擁有美麗葉片與走莖等特色，讓吊蘭成為絕佳的吊盆植物，其中白紋草品種因不具有走莖，所以多作為3吋迷你盆栽與地被植物使用。其餘品種以懸掛栽培為主，建議懸掛位置不宜長期受風吹襲，否則葉片較易焦萎脫水。若作組合盆栽之用，可將吊蘭視為點綴效果，讓其懸掛於盆邊，不僅能增加律動姿態，也能解除組合盆栽內的擁塞感。

吊蘭走莖上的小植株可以切下來水耕栽培，只要根部 1/3 有浸到水即可。

吊蘭與常春藤搭配的組合盆栽。

吊蘭栽培得宜，會有優美的走莖，頗具觀賞效果。

吊蘭品種大觀

　　似蘭非蘭的吊蘭，也是清淨室內空氣的好幫手，常見品種有白紋草、中斑吊蘭、鑲邊吊蘭與黃斑吊蘭等。以下介紹6款清新雅致的品種。

淡黃色的走莖像上生長而非垂彎向下。

白邊吊蘭的小白花，比其他吊蘭略小。

■ 寬葉中斑吊蘭

屬於栽培種，植株比一般吊蘭略大，葉子也較寬闊，最寬度約2～3公分，葉長可達40公分左右，走莖最長約70公分，也稱闊葉吊蘭、彩葉吊蘭，主要是因為葉面有大小規則不同的白色條紋狀，整體植株感覺較為清亮。種植方法可以剪取小芽來進行繁殖；夏天時應注意高溫高濕環境容易讓植株生病，而且還會發生腐爛現象，因此在夏季雨期時，最好避免讓植株淋雨。

■ 白邊吊蘭

又稱鑲邊吊蘭、斑葉吊蘭，主要是根據葉片外觀來命名，葉長度不超過30公分，葉最寬度約1～2公分，線型細長的葉片沒有主脈、側脈，葉身柔軟，葉子兩邊緣會有淡綠色或淡黃色的白色線條。走莖頗長，最長可垂伸至80公分左右，尖端會長出幼苗並開出白色小花，穗狀花序疏鬆，花朵為六瓣，直徑大約只有1～1.5公分，夜晚花朵會閉合。

6瓣的白色小花長在走莖前端。

金紋草不長走莖，小白花從基部生長。

■ 中斑吊蘭

為吊蘭栽培種，與白邊吊蘭相似，不同在於葉面白斑線條位於葉子中央，一直延伸到葉子頂端，葉邊緣兩側為綠色，葉子同樣沒有主、側脈，葉身柔軟，會呈弧度下垂狀，葉子長度較短約20～30公分，葉形較細，寬約1～2公分，走莖也可延伸至35～60公分左右，也有人稱之為縱葉吊蘭；生長期間會長出無斑紋的綠葉，可以將之摘除，避免全株綠葉化。

■ 金紋草

與白紋草相似，最大差別在於葉子條紋，白紋草的白邊會因植株老化而變得愈少，金紋草則是剛新生的葉子為金邊，植株愈大、金邊就會變得愈白，紋邊則比白紋草來得略大；具耐陰性，只要有明亮光線不直射的場所就可培養，陽光直射則容易造成葉片曬傷；白紋草、金紋草是以分株法來繁殖，每年春、夏可將植株分成數份再種植，植株會長得更好。

白紋草莓有走莖垂梗，但仍會開出小白花。

銀邊寬葉吊蘭葉子較不具垂幅度，葉緣平順。

■ 白紋草

與吊蘭同屬不同種，植株高度大約只有15～20公分，葉子叢生，呈現線型狀，葉質薄軟，邊緣會有白色或淡黃色的縱紋線條，外觀與吊蘭雷同，辨別方式可從根與長莖上來分別，白紋草的地下根會產生肥狀的根塊莖，以用來儲存養分與水分，白紋草不會像吊蘭一樣從植株基部長出走莖，但仍會開出白色小花，冬天溫度太低會造生寒害讓葉子枯黃，要移至較溫暖的地方。

■ 銀邊寬葉吊蘭

與寬葉吊蘭不相同的地方在於葉子的色澤，葉面有不規則的白色或淡綠色條紋，比純綠色的寬葉吊蘭在視覺上較活潑生動許多；葉形與一般吊蘭相比較為寬厚，而且欠缺柔軟度，葉子通常是向上直立生長，若長到一定高度時，也僅會出現一點點略為彎垂的弧度，走莖頂端不易生小植株；葉寬約2.7公分，葉長約33公分，走莖長度則約40～60公分，且會因為光線而有長短變化。

絲葦
Rhipsalis

- 科別：仙人掌科
- 光線需求：半日照
- 澆水頻率：土稍乾再澆透

❁ 栽培方式

由於植株下垂生長，適合以懸掛方式栽培於通風良好處，建議使用排水效果好的土壤，或仙人掌專用土。喜歡溫暖潮濕，需避免烈日直接照射，以及冷風直接吹撫。土乾便澆水，以免過濕爛根。若要繁殖，可選取帶有氣根的枝條，以扦插繁殖。

❁ 佈置應用

絲葦具有耐旱、耐高溫的特性，那細長如髮絲的特殊線條造型，很適合懸垂在北歐風的空間中，簡約大方，欣賞它有如綠色爆泉的旺盛生命力。

原產於中南美洲，是附生性多肉植物，別名垂枝綠珊瑚。肉質化、分枝多的莖呈現碧綠色，下垂匍匐或直立生長，莖節易生絲狀氣根，且十分耐旱又耐陰，會開小巧雅緻的乳白色花，果實呈透明珍珠感漿果，也是一大欣賞重點。

黃金錢草
Lysimachia

● 科別：報春花科
● 光線需求：半日照
● 澆水頻率：保持介質濕潤

❀ 栽培方式

　　喜愛半日照環境，若處於全日照環境，在炎熱的夏季要避免日光直射，否則會造成葉片白化現象。黃金錢草喜愛潮濕的生長環境，就算在積水地區也能健康成長，但若環境乾燥易導致植株生長緩慢，嚴重者會發生生長不良、葉片枯萎等情形。性耐低溫怕高溫，若遇到夏季炎熱情形，可將植株移至通風處，且須有遮蔭處理才能越夏。值得注意的是，不可使用噴霧方式為其降溫，否則葉片容易腐爛。

❀ 佈置應用

　　可作小品欣賞或與其他喜溼植物搭配設計，成為組合盆栽，其明亮金黃的葉色，在盆栽配色上有絕佳的提亮效果；再者，因黃金錢草有耐濕與匍匐蔓延之植物特性，可作為吊盆懸掛、水生植物使用。

　　又名圓葉遍地金、金葉過路黃，為原產自歐洲的多年生草本植物。莖部纖細幼弱，株高約15公分，植株低矮且密貼於地面，呈匍匐狀生長。葉片對生，葉形為圓形或卵形，大小約1公分。春夏為花季，花朵開於葉腋，花色璀璨金碧，但因花朵與葉色十分相近，很容易被忽視。原種黃金錢草的葉片為黃綠色，金黃色的黃金錢草是園藝品種。

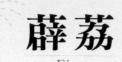

薜荔
Ficus

● 科別：桑科
● 光線需求：半日照
● 澆水頻率：介質常保濕潤

　　桑科中少見的攀緣常綠藤本植物，在溫暖潮濕的氣候最適合生長，廣泛分佈於亞洲、日本及印度，多攀附於樹木或岩石上，幼枝呈現黃或紅褐色，佈滿纖毛且具攀緣性，莖上有氣生根，能攀附在石壁、樹幹等物體之上，革質葉片互生、全緣。花期在4～5月，外形極小，隱生於囊狀花序托內，隱花果單立或對生於葉腋，成熟時為深綠或黑紫色，散佈白斑。果實於8～9月成熟，外皮為暗褐色，會裂開散佈白色種子。

✿ 栽培方式

半日照環境為主，以盆栽栽植的皆為幼株，全日照會使葉片枯黃，若要移至戶外栽培須使其逐漸適應光照。不耐旱，土壤需保持濕潤，也要經常噴水保濕以促進生長，缺水容易枯死，但冬季寒流來襲時應停止澆水。

✿ 佈置應用

薜荔3吋盆栽型態玲瓏可愛，擺設於桌面，欣賞其小巧的葉片；5吋的吊盆則散發輕鬆閒適的氣息，無論是當組合盆栽、立體綠雕或懸掛室內窗邊都很適合。

薜荔品種大觀

常見的薜荔品種有綠葉、斑葉（雪荔）、與小葉（迷你薜荔）。

■綠葉薜荔

■斑葉（雪荔）

■小葉（迷你薜荔）

綠之鈴
Senecio

- 科別：菊科
- 光線需求：半日照
- 澆水頻率：土乾便澆水

綠之鈴秋天涼爽時節開出小花。

❀ 栽培方式

半日照且通風之環境為主，日照過強葉片會變褐色且失去光澤，但沒有陽光易腐爛。稍具耐旱性，土乾澆透，缺水時葉子會失去光澤、皺縮乾癟，不宜噴水保濕以免腐爛。

❀ 佈置應用

綠之鈴（或弦月）莖部擁有懸垂或匍匐性，使其成為常見的吊盆植物，隨著時間生長，有如翡翠珠簾，特殊的葉形總是格外引人注目。

原產於南非的常綠蔓性多年生草本植物，多肉葉片如豌豆，葉片中心有一透明縱紋，莖蔓長度可達1公尺，成串連結如鈴鐺，精巧可愛。另外有一種與綠之鈴同屬的植物—大弦月，分辨方式綠之鈴葉片為圓形，大弦月葉片為紡錘形、頭尖、葉色較灰綠、表面有數條透明縱線，且生長勢更為強健。

弦月吊盆適合吊掛在明亮而通風的地方。

鈕扣藤
Muehlenbeckia

- 科別：蓼科
- 光線需求：遮蔭～半日照
- 澆水頻率：表土略乾就澆水

❀ 栽培方式

喜溫暖濕潤，適合在明亮的日陰下栽培，夏天要增加給水頻率，表土略乾就盡快澆水，並移到比較涼快的地方，避免直接曝曬而乾枯。肥不必多，春天到秋天，每季補充以氮磷為主的肥料。如果發現根系已長出盆底，可在春天或秋天換盆。

❀ 佈置應用

市面上多以三吋盆販售，可單獨以吊盆栽培，或做為組合盆栽邊緣的垂墜材料。若想維持清爽，可經常修剪維護。

原產於紐西蘭，多年生常綠藤本植物，又稱鐵線草。植株匍匐叢生，常呈懸垂狀生長，莖細長如鐵絲般，並呈暗褐、暗紅色。葉形為圓型或心型，全緣無鋸齒，樣貌玲瓏討喜。

愛之蔓

Ceropegia

- 科別：蘿藦科
- 光線需求：半日照
- 澆水頻率：土略乾再澆水，夏季減少給水

愛之蔓最大特色為對生心形葉片，其葉色呈灰綠，表面有白色紋路，莖部纖細具垂吊性，亦能匍匐生長。花朵為瓶狀，生長於葉腋。若要購買愛之蔓，要選擇有碩大塊莖（零餘子）者，雖其扦插可成活，但塊莖才是養分儲存點。

愛之蔓瓶狀花朵。

❀ 栽培方式

　　市面上多販售3吋或5吋的吊盆，適合栽培於半日照環境，或者有較明亮的散射光，忌強光直射，但光線不足節間易徒長，影響觀賞性。夏季高溫忌盆土潮濕，土乾再澆透，給水過量容易爛根；冬天植株會休眠，澆水量要減少。

❀ 佈置應用

　　愛之蔓可作為傳達情誼的植物，適合懸掛於室內明亮處，欣賞成串愛心葉片，也可栽種成片使其自然垂墜而下，作為空間區隔用的自然屏障。枝條雜亂或徒長，可修剪整裡，枝條還可拿來扦插繁殖，春、秋季時成功率高。

愛之蔓品種大觀

被歸類為多肉植物的愛之蔓，有以下兩大品種。

■ 愛之蔓
一般愛之蔓，葉色較為灰綠，表面有白色紋路。

■ 愛之蔓錦
愛之蔓的錦斑品種，顏色格外迷人。栽培時光線要充足，錦斑才會明顯。

百萬心
Dischidia

● 科別：蘿藦科
● 光線需求：半日照
● 澆水頻率：土乾再澆透

✿ 栽培方式

　　適合半日照環境。略具耐旱性，土乾澆透，盆土勿積水，且定時噴霧於枝葉，以促進植株生長。氣溫低於10度時，建議將植株移至溫暖處，且降低給水頻率，以避免寒害。

✿ 佈置應用

　　葉形玲瓏細緻，枝條分枝性佳，其垂曳姿態優雅，是常見的吊盆植物與組盆佈置材料。

葉色較淡的品種，格外玲瓏可愛。

　　原產菲律賓的常綠蔓性草本植物。莖為蔓性且節間易生氣根，枝條幼時挺直，逐漸發育後四散下垂，長度可達1公尺。葉片對生呈心形，質地厚實多肉，葉色則有斑紋、斑塊或全綠等變化。花朵為囊型，色白，開於葉腋。

串錢藤
Dischidia

● 科別：蘿藦科
● 光線需求：遮蔭～半日照
● 澆水頻率：介質乾再澆水

❀ 栽培方式

以半日照或遮蔭處為宜。耐旱性佳，介質乾透後澆透，澆水過量會使根系枝條腐壞。介質需選擇排水透氣性佳者，可使用蛇木屑搭配栽培土、珍珠石。

❀ 佈置應用

可作小品盆栽懸掛使用，也可使其攀爬壁面或庭院樹幹作綠美化，葉色清新亮眼。爆盆時有如一串串錢幣，頗有財源滾滾之吉兆。

原產於澳洲的多年生草本植物，其莖部具蔓性，可攀附物體或垂墜生長。廣卵形葉片對生，先端尖凸、形似鈕扣，色鮮綠略帶銀灰。花期為春季，會開出黃或白色花朵，但花小不具觀賞性。葉形討喜、名字吉利，是花市銷售榜上主流。

> **〔綠手指 Tips〕**
>
> 串錢藤的生育適溫約20～30℃，假如冬季低於10℃，建議移至較溫暖處，並減少澆水量，以避免寒害。

毬蘭
Hoya

- 科別：蘿藦科
- 光線需求：半日照
- 澆水頻率：介質保持適度潮濕

光線多寡會影響斑葉的分佈量。

✿ 栽培方式

以半日照的環境為主，喜愛柔和光線，若栽植於全日照環境會導致葉片黃化，但陰暗處會讓斑葉品種變綠，讓新生葉斑越來越少，且有不開花問題。給水方面，春夏生長季需充分給水，但勿讓盆土積水，否則根部易爛，冬季則減少給水，噴霧提高空氣濕度，對植物生長有幫助，但開花期須停止。

毬蘭的花為星形蠟質，且質感晶瑩剔透。

原產於亞洲到太平洋群島的熱帶地區，有200多種原生種，大多是生長於樹幹、岩壁的著生性品種，以強壯莖節上的氣生根攀附物體，高可達15呎。其葉片厚實，耐旱力佳，花為星形蠟質，質感晶瑩剔透，花蕊紅色半透明，狀如寶石，因數朵聚集成球，生長形態似蘭，得名毬蘭。

毬蘭品種大觀

在台灣中低海拔的森林中，就生長有綠葉毬蘭，常見的園藝品種，則有帶乳白色斑紋的斑葉毬蘭、斑葉且新芽帶紅色的三色毬蘭、葉片縮捲如瓣的捲葉毬蘭，還有外觀心形，情人節暢銷的心葉毬蘭等。

■ 斑葉毬蘭

■ 斑葉心葉毬蘭

♣ 佈置應用

毬蘭的枝條具有蔓延性，若碰到粗糙潮濕的立面便會攀附生長，否則會蜿蜒下垂，是良好的吊盆植物。栽植時可將莖部固定在鐵架等攀附物或苔蘚製的板子上，也可將健壯的莖部直接綁在樹上，模擬自然生長的野趣。

3吋的迷你盆栽，是相當常見的組合盆栽材料。此外，葉片厚實、形狀像愛心的心葉毬蘭，多被推廣作為情人之間餽贈的花禮。

室內賞花

可 在 室 內
觀 賞 的 盆 花

🍃 室內觀賞盆花擺設要領

　　大部分的植物，都需要充足日照才能開花，所以要在室內賞花、聞花香似乎遙不可及？其實有些短日照植物，原本就生在樹蔭下面，對光照需求不大，因此栽培在明亮的窗邊也能順利開花。或者是平日栽培在陽台，等到開花期間，可以暫時移到室內欣賞，如此在家中也能有美麗的花兒相伴，氣氛也因此不同。

🍃 推薦植物Top5

■ 火鶴花
推薦原因
葉片四季翠綠，開花時清新優雅，觀賞價值高。

■ 聖誕紅
推薦原因
照顧容易而且裝點效果佳，品種花色日益豐富，有多樣化選擇。

■ 蘭花
推薦原因
花姿優雅，且花期很長，單盆欣賞或做組盆皆適宜。

■ 擎天鳳梨
推薦原因
花色艷麗，可讓空間氣氛頓時變得活潑亮眼。

■ 大岩桐
推薦原因
窗邊有散射光的位置便能生長開花，且花色豐富，具有蒐集樂趣。

蝴蝶蘭
Phalaenopsis

- 科別：蘭科
- 光線需求：半日照
- 澆水頻率：介質略乾再澆水

✿ 栽培方式

購買時應挑選葉片飽滿肥厚、根系鮮綠且沒有枯黃發黑或中空現象的盆栽，栽培於光線及通風良好處，水分夏季7～10天、冬季10～15天澆水一次。在台灣平地，蝴蝶蘭多在 10～11月時開始有芽原體抽出，不過抽梗後因入冬氣溫降低，發育緩慢，故需至隔年春天氣溫回升時才迅速發育而開花。

〔綠手指 Tips〕

夏季高溫時期，建議在傍晚澆水，冬天則建議在早晨澆水。開花時，水分避免滯留在花朵上，以免花朵提早凋落。

蝴蝶蘭是於1897年由日本人在小蘭嶼發現它的蹤跡，其花型、花色繽紛而妍麗，有蘭花之后的美譽。它對環境需求不嚴苛，花期可長達3、4個月，觀賞時間很長，加上拜生物科技發達之賜，利用組織培養技術，可大量生產供應，至今仍然是外銷或內需最重要的花卉之一。

Q 看見蝴蝶蘭抽花梗了，就可以搬到室內欣賞開花嗎？

A 蝴蝶蘭在花梗抽出後，若逢低光、低溫，容易讓花苞消蕾。因此正在抽花梗的蝴蝶蘭，應接受充分日照，大約介質表面乾燥後一、兩天再澆水。施肥以磷、鉀肥為主，若有寒流來襲暫時移入室內，以防寒害。等待花梗基部花朵已開放，再移到室內欣賞。

❁ 佈置應用

　　如果是居家佈置，依你預計放置的地點，選購合宜的尺寸及喜好的品種花色。如為送禮，大紅花品系，氣勢令人驚艷，適合贈與公司行號或主管、首長；如為女性、友人，可選擇中小型多花性品種，花瓣有柔美的暈染，感覺溫馨和平；如為長者、有文化內涵的對象，白花品系、黃花品系，將會是合宜的選擇。

放置於玄關。

放置於餐桌。

放置於辦公室。

放置於茶几。

放置於空間角落。

放置於櫃子上。

嘉德麗亞蘭
Cattleya

● 科別：蘭科
● 光線需求：半日照
● 澆水頻率：盆土乾燥後再充分澆水

❀ 栽培方式

　　在葉片不致灼傷的程度下，可讓蘭株充分接受日照。生長旺盛的春、夏季，每1～2週施用一次速效性肥料，以氮肥為主；秋季開始減少氮肥供應，改施以磷、鉀肥為主的肥料，以促進花芽形成，在秋末冬初開出美麗的花朵。澆水方面，冬天寒冷低溫時不澆水，等溫度回升才澆水以協助越冬。

❀ 佈置應用

　　嘉德麗亞蘭存在感與現代感十足，適合單盆擺設欣賞，但由於根莖蔓延生長，常容易傾斜一邊，建議使用較重的盆器，並以軟石固定好植株。

　　嘉德麗亞蘭花型美艷，是洋蘭界中的閃耀女王，大花品種熱情華麗、小花迷你品種則嬌滴清秀，品種花色豐富，香味馥郁，令人難忘。加上容易栽培開花，適合新手。

栽培 **Q&A**

Q 為什麼嘉德麗亞蘭花謝之後，就沒有再開花了？

A 嘉德麗亞蘭開花的條件，冬季陽光最弱時可容許直射陽光外，一般需遮陰40～60%。假如栽培於室內，在開完花之後，就要再移到陽台或窗台，不可長期放在缺光的場所。溫度方面：嘉德麗亞蘭通常在秋、冬天低溫短日時形成花芽，溫度低於13℃則易受寒害，故寒流來襲時應有保溫措施或暫時移入室內。

東亞蘭
Cymbidium

- 科別：蘭科
- 光線需求：半日照
- 澆水頻率：相當耐旱，介質乾了再澆水

洋蘭的一種，開花期主要在10月～隔年2月間，花色多而豔麗，它的花是成串開展，且數量多而大。由於花瓣很大、唇瓣的形狀類似虎頭，又稱虎頭蘭。花名中的「虎」與福字有諧音，也是過年應景的吉祥盆花，於家中擺設象徵一年的好兆頭。

❀ 栽培方式

虎頭蘭的根系粗壯肥大，為半氣生性蘭類，需要良好的透氣性及排水性，栽培介質適合以較粗的碎石、蛇木屑、樹皮或椰殼小塊等混合有基肥來種植；場所則以能夠遮光避雨的環境為佳，夏天約需遮光70～80%、春秋50～60%、冬季40～50%。

❀ 佈置應用

虎頭蘭素有迎春納福的意涵，由於花型直立，較不適合放在高處，可放置於小茶几或較低處觀賞，且須明亮、通風的位置。虎頭蘭多為黃色系，建議搭配深色盆器來襯托。另外，它也很適合做切花運用，或拿來製作新郎新娘的胸花與捧花設計。

〔 綠手指 Tips 〕

平常都是養在戶外的虎頭蘭，盆內可能會寄居螞蟻等昆蟲。開花期間若想搬入室內觀賞，可在前一天，於盆中注入大量的清水或泡在水桶2~3小時，逼使昆蟲離開之後，再移入室內。

石斛蘭
Dendrobium

- 科別：蘭科
- 光線需求：半日照
- 澆水頻率：介質略乾即可澆水

✿ 栽培方式

石斛蘭喜高溫、高濕、半陰的環境，是蘭花類中需光性較高者，但在夏季的烈日和酷熱下，仍需遮陰 50%左右，否則澆在葉片上的水滴很容易因聚焦作用，吸收大量太陽熱能而使葉片灼傷。冬季低於15℃時便會出現寒害，擺放在室外的秋石斛要及時移入室內，或者對植株套袋進行保溫。

✿ 佈置應用

色彩鮮豔的石斛蘭，常用於餐桌佈置，尤其是南洋風格的空間，擺上石斛蘭絕對是最對味的搭配。由於它存在感與現代感強烈，正式的場合也經常使用它來佈置。

石斛蘭可分為春天開花的春石斛和秋、冬天開花的秋石斛兩大類。春石斛蘭通常在低溫和乾燥的環境才有利於花芽形成，若秋、冬季時遇到暖冬，低溫量不足，或者花芽形成期澆水或下雨太多、氮肥施用過多，均不利於花芽形成和開花，因此台灣平地較不易栽培。秋石斛蘭生長適溫約20~30℃，在高溫多濕的環境下較易形成花芽，因此在台灣平地栽培，較春石斛容易開花。

仙履蘭
Laphiopedilum

- 科別：蘭科
- 光線需求：半日照
- 澆水頻率：介質略乾即可澆水

✿ 栽培方式

　　栽培介質以蛇木屑、水苔和培養土為主，由於生長速度不快，大概每兩年換盆一次即可。換盆時，若希望植株繼續長大，應換至大一點的盆子；否則只須將老舊、硬化的介質去除，並修剪老根，再補充新的介質。

✿ 佈置應用

　　適合使用雅緻的花盆單獨擺飾，襯托出仙履蘭的氣韻。若用於組合盆栽，搭配的花材不宜太過搶眼，以免搶奪了仙履蘭的丰采，開花觀賞期約2～4週。

　　仙履蘭花型奇巧可愛，在英國稱為Lady's Slipper Orchid（淑女的拖鞋），以形容它的花型。目前已雜交育種出非常多樣化的色彩斑紋變化，購買時挑選蘭株葉片多，且有多數側芽者為佳，尤其葉片上有斑紋的品種，性喜溫暖陰濕，較適合台灣平地栽培。由於仙履蘭沒有假球莖，較不耐旱，所以環境濕度稍高一些較好，不要使它過於乾燥。

仙履蘭色彩斑紋變化豐富。

文心蘭
Oncidium

- 科別：蘭科
- 光線需求：半日照，冬季提高光照，有助開花
- 澆水頻率：介質略乾再澆水

❀ 栽培方式

厚葉型的文心蘭喜歡暖熱的環境，栽培容易；薄葉型喜愛冷涼，平地較不建議栽培。花期常見於冬初或春末。冬季如遇寒流，須移到室內越冬，或者套袋防寒。平日應設法提高空氣中的濕度，冬季則水分逐漸減少，較有利於開花。

❀ 佈置應用

文心蘭盆花形態優雅花期又長，各種場合皆適宜擺設。文心蘭細緻伸展的枝條，搭配簡約低矮的盆器，欣賞其開花枝條微微下垂的優美姿態，局部小空間就能增添幾分優雅的氣質。此外，有著迷人香氣的種類，也很適合放在浴室中，增加清新的氣息。

文心蘭的枝條細緻優雅。

花姿曼妙的文心蘭為熱帶性花卉，是蘭花家族中的新貴，唇瓣多呈銀杏形，花朵顏色多樣，有紫色、褐色、純黃、黃綠、橙色、洋紅至深紅色…等，但以純黃色為主，陽光照射下，彷彿像鍍了金邊的珍寶一般。由於文心蘭花形特殊，花朵盛開時形狀宛若一群跳舞的女郎，所以又稱跳舞蘭。此外，文心蘭與近緣的齒舌蘭雜交育成更多花形與花色，市場上統稱為文心蘭。

萬代蘭
Vanda

● 科別：蘭科
● 光線需求：半日照
● 澆水頻率：根系變乾就給水

✿ 栽培方式

萬代蘭生性粗放，栽培介質要粗鬆，使用少許椰塊、木炭、樹皮稍加固定植株，不會鬆動搖晃即可，讓根部充分通風。萬代蘭適合懸掛在庭院的樹上或走廊、窗口等日照充足的場所，生長期是在溫暖的季節，要充足給水，早晚噴濕根部，並使用氮、磷、鉀均衡的液態肥料，噴灑在植株上。

✿ 佈置應用

花色濃艷的萬代蘭，洋溢濃濃的熱帶南洋風情，成串盛開時華麗醒目，經常用於正式會場佈置，或作為花禮設計。居家玄關、客廳，或辦公場所會議室，使用深色盆器來襯托萬代蘭，就有絕佳的佈置效果。

萬代蘭是學名*Vanda*的音譯，意思就是著生於樹木，說明了萬代蘭是一種著生蘭。它生於東南亞的熱帶地區，是蘭花中健壯而外型大方的種類，不畏酷熱。成熟葉片基部的莖節上都有一個花芽點，如果栽培得宜，每個節都有機會開花，花色明豔，有橙色、寶藍、水藍…等，非常顯眼。

聖誕紅
Euphorbia

- 科別：大戟科
- 光線需求：全日照
- 澆水頻率：土乾即澆水

栽培方式

聖誕紅在春～秋季扦插，一般採用頂芽，剪取約15公分長的枝條，但要剪取切口會流出白色乳汁，要讓乳汁陰乾再以清水洗除，才不會妨礙生根。生長期每30天施1次緩效固肥，開花期每30天施用1次速效磷鉀肥，以供應生長開花所需營養。

佈置應用

冬天最重要的兩個節慶就屬聖誕節與農曆年，聖誕紅更是不可缺少的佈置花卉，可以從聖誕節開始佈置欣賞到跨年、農曆年。室內的聖誕紅盆栽儘可能擺在光線充足而陽光不會直射的場所，切勿擺在通風口或冷空氣直吹處，以免葉片枯黃。另外，放於室內需水量不多，一般約7～10天左右，盆土表面乾了再澆水，且可不必再施肥。

聖誕紅的盛產期長達半年，花色繁多，明亮鮮豔、喜氣又耐於室內觀賞，其實不限於聖誕節，可依擺飾位置選擇合適的花色及盆栽尺寸大小。選購時，應挑選植株挺立，枝葉覆蓋盆面，苞片著色均勻，花序未凋落，葉色濃綠無病蟲害，枝幹粗細均衡且強壯者，較為健康。

聖誕紅品種大觀

聖誕紅品種愈來愈精彩，除了傳統印象中的鮮紅色，也有桃紅、粉紅色，甚至是斑紋、噴漆等各種變化，且分枝性好、花朵很多，提供消費者多樣化的佈置選擇。

■ 冰火

苞葉深紅色底色，中肋區域有粉紅色塊斑，不易落花掉葉。

■ 彼得之星

花期早，株型整齊，分枝性佳，生長勢良好，另有粉、白及雙色等。

■ 威望·早生

生長勢強，莖枝較粗而強健，分枝性佳，呈V型，可耐運輸時折損。

■ 倍利

迷你品種。葉片及苞葉形狀很有特色。另有紅、白及雙色等品種。

■ 桃莉

生長勢強，葉片、苞葉細長，分枝性佳，花色為亮粉色，十分醒目。

■ 草莓鮮奶油

深粉紅色苞片，邊緣有黃白色覆輪斑紋，像極草莓裹著鮮奶油的樣子。

■ 愛文

為早花品種，葉色深綠，長橢圓形苞葉，花色亮紅，是很討喜的品種。

■ 聖誕玫瑰·粉

深紅色苞片內捲，花型特殊，似玫瑰而得名。另有紅、桃、白、雙色等色系品種。

栽培 Q&A

Q 聖誕紅為什麼買回來之後，顏色漸漸返綠了？

A 由於聖誕紅花芽形成、發育至開花要一直維持在短日條件下（也就是晚上的時間要超過 12 小時以上），若發育過程又回到長日狀況或半夜長時間接受光照（如路燈、日光燈），則轉紅的苞葉可能就會再回復綠色而影響觀賞品質。

火鶴花
Anthurium

- 科別：天南星科
- 光線需求：半日照
- 澆水頻率：介質保持濕潤

火鶴花為天南星科多年生草本植物，花色多樣有紅、粉、綠、橙、白等顏色，且花形奇特、顏色鮮豔耀眼。美豔的火鶴花，其顯著的心形苞片，我們常誤以是花，其實真正的花是那突起猶如長長紅鼻子的柱狀肉穗花序上的小花。台灣因生長環境合適，全年皆有生產，品質佳、觀賞期長。

❀ 栽培方式

喜高溫多溼，可利用噴霧提高周遭相對濕度，介質應保持微濕，澆水時葉面不要沾濕，以減少病害發生。由於生長緩慢、耐陰性強，葉片厚稍具耐旱性，約一周澆水一次即可。適合擺放於明亮之處，有助於持續開花。

✿ 佈置應用

火鶴花盆栽具有可週年開花和耐貯運等特性，開展的佛焰苞片質地厚實，表面被覆著蠟質，乍看之下很像人造花，令人驚歎，切花也經常看到它的應用。盆花則可佈置於玄關、茶几等地方，增添空間中的色彩焦點，即使不是花期，也可觀賞濃綠的葉片。

火鶴花組合盆栽，底層搭配蔓藤植物填補空隙，增加休閒氣氛。

火鶴花品種大觀

盆栽的品種主要來自 *A. andraeanum* 與 *A. andreacola* 的雜交種，以株型緊緻完整，葉型、花色生長緊密且開花數多的品種為主。

■ 太極

■ 巧克力

■ 邱比特

■ 粉佳人

■ 綠紅心

■ 綠精靈

白鶴芋
Spathiphyllum

● 科別：天南星科
● 光線需求：半陰～半日照
● 澆水頻率：介質略乾就澆水

✿ 栽培方式

類似火鶴花的照顧方式，須保持土壤濕潤，冬天給水量減少，定期擦拭葉片，避免累積灰塵。若發現葉色有變淡、黃化，葉尖焦枯捲曲的現象，代表環境過於高溫乾燥，要更換放置的場所，或增加環境濕度。

✿ 佈置應用

品種大小差異很大，戶外的通常選用葉片長約30～50公分的中型品種；用於室內栽培，則可選擇較小型的品種。因為具有去除毒害物質的顯著淨化能力，居家、辦公室、新裝潢好的空間，都很推薦擺設。

白鶴芋又名苞葉芋，為多年生草本，株高約30～50公分，原生在溫暖濕潤的熱帶雨林、叢林下層區，因此能在潮濕且低光環境下生長良好。其葉色翠綠、形態優雅，春～夏季抽生直立花莖，長出白色的佛焰苞片，肉穗花序較佛焰苞短，並可維持數周不凋謝，觀賞價值高，具有純潔、平靜、祥和的寓意，是長銷的室內盆花植物。

彩色海芋
Zantedeschia

● 科別：天南星科
● 光線需求：半日照～全日照
● 澆水頻率：土乾再澆水

彩色海芋的花型宛如高腳杯，花色有紅、黃、橙、粉、白等色；葉片有劍葉及芋葉兩大類，多數品種葉片有乳白色斑點，盆栽商品在冬春季應景上市。

❀ 栽培方式

彩色海芋為略喜乾燥的球根花卉，建議使用肥沃疏鬆的砂質壤土或培養土來栽培，生長期每30天施用1次生長肥或有機肥，澆水勿澆及花序及葉片。開花過後，春末可挖出球根，埋在泥炭土中休眠，待秋季再行種植。

❀ 佈置應用

栽培期間需要全日照或半日照，勿種植在室內，會使葉片軟弱下垂。等待開花時期，再移到室內、套上陶瓷等材質的盆器觀賞；或者切下來插入花瓶中點綴室內空間。

非洲菫
Saintpaulia

- 科別：苦苣苔科
- 光線需求：有明亮照明處即可
- 澆水頻率：約一周一次，栽培介質乾了才澆水

✿ 栽培方式

非洲菫適合栽培於陽光明亮的窗邊，或是檯燈光照下方20公分處，每天光照6至8小時；足夠看書的明亮處，則需光照12至14小時。最適宜的生長溫度在18～25度，約7至14天澆一次水，由於葉片上有絨毛，不能澆水在葉面上。每3個月施1次長效性肥；開花前及期間，施給含磷肥較多的骨粉、油粕等，可使花較多、花期較長。

〔綠手指 Tips〕

非洲菫繁殖容易，可以使用葉插及分株法。在春、秋季選取健壯的葉片切下，斜插入乾淨介質中，保持介質濕潤，約1個月左右就會長出小苗。喜好蒐集品種的人，可以善用交換葉片的方式。

非洲菫依株型分為標準型、迷你型、懸垂型，花朵有單瓣、半重瓣或重瓣，還有花色別具一格的嵌彩花。非洲菫的開花期可達2週以上，或是持續開放1～3個月，有的品種花謝後2至3個月，又會進入開花期，只要有足夠數量的植株，就可以在一年四季欣賞到繽紛綻放的花朵。

✿ 佈置應用

將非洲堇栽培於不同材質的容器，即可散發不同的風情，例如植入方形玻璃燭台，便有優雅剔透的氣質；搭配銅質提把花器與園藝裝飾品，便散發一股鄉村風情；甚至是栽入高腳燭台，馬上又能為空間妝點出浪漫的氛圍。

非洲堇品種大觀

非洲堇的品種繁多，開花性強，植株小巧不佔空間，許多人喜愛收集各式各樣的花色，愛不釋手。

大岩桐

Sinningia

● 科別：苦苣苔科
● 光線需求：半日照
● 澆水頻率：土乾再澆水

大岩桐原產於南美洲巴西，跟非洲菫的親緣很相近，生命力很強。夏季開花約可維持三天、冬季的花則可以維持七天。不過，冬季的開花速度很慢，有時花苞得要等五天以上才會開花，其花型有如酒杯，且有單瓣與重瓣品種之分，花市販售的品種以重瓣為主，雍容華貴；單瓣的大岩桐則顯得嬌羞典雅，各有千秋。

〔 綠手指 Tips 〕

大岩桐在開完花後會暫時進入休眠模式，花一凋謝就要立刻做摘花處理，花柄能剪多短就剪多短，以免產生病變。盛花期結束後，可以把地面上的植株摘掉，不久後又會重新發芽生長。

❀ 栽培方式

大岩桐是入門級植物，生長最適溫度20～30度，其葉片容易被強光曬壞，但也需要光線刺激開花，因此適合夏季半日照、冬季全日照的環境，一般只要放在窗邊或陽台上就可以生長良好。由於葉面上覆有細小的絨毛，所以澆水時，請先把葉子抬高，澆透土壤，避免葉片潮濕容易腐爛。

重瓣的大岩桐。

❀ 佈置應用

大岩桐絲絨般質感的葉片，以及鮮麗飽滿的花色，在茶几或窗台擺上一盆，就能發揮很好的點綴效果，而且在室內便能享受賞花的樂趣。

大岩桐品種大觀

市面上常見紅色、紫色、粉色、紅花白邊、紫花白邊等各式花色，而白花則為原生種，最具收藏價值，許多玩家喜愛。

栽培 Q&A

Q 為什麼大岩桐原本有很多花苞，一帶回家沒幾天卻開始消苞甚至掉落？

A 發生這類情形，多半是因為栽培方式不正確，以為大岩桐耐陰，就擺在潮濕的浴室、或者不常開燈的陰暗位置，或是門窗緊閉，密不透風，就容易使大岩桐快速枯萎。

麗格海棠
Begonia

● 科別：秋海棠科
● 光線需求：半日照
● 澆水頻率：盆土稍乾再澆水

麗格海棠是用球根海棠和一種原生種海棠雜交出來的，它承襲了兩種海棠的優良特性，具有植株矮小、開花性良好、枝葉翠綠、沒有明顯休眠期的特性。花期在冬季，花色有紅、粉、黃、橙、白等多種顏色，非常適合冬季美化室內環境。

✿ 栽培方式

夏季要避免日照過強造成日燒，適合栽培於半日照處；秋冬季則可栽培於陽台光線明亮處，避免淋雨或直接澆水在花葉上，易使植株腐爛，建議以底盤吸水方式補給水分，且待盆土稍乾後再給水。

✿ 佈置應用

麗格海棠的花期正好落在農曆年間的秋冬季節，居家、辦公場所皆適合擺放點綴，重瓣品種的花形與玫瑰類似，餽贈麗格海棠，也可以表達情人節的浪漫氣氛。如果要佈置的位置光線充足，可以選購花苞尚未開放者，讓他慢慢綻放，可擁有最長的觀賞期；但如果光線條件較差，建議選購已經開放一半的植株，以免購回之後，因光線不良發生花苞掉落或是開花受阻的現象。

年底是麗格海棠大放異彩的時候，花大而色艷，在市場上很受歡迎。

孤挺花
Hippeastrum

- 科別：石蒜科
- 光線需求：全日照
- 澆水頻率：土乾才澆水

✿ 栽培方式

花期約為清明節前後，若秋冬～春季購買進口球根，土耕可將球體露出三分之一，栽培在半日照～全日照的環境，不久便會第一次開花，然後要到後年春季才會再度開花。介質使用肥沃疏鬆的腐植土或砂質壤土，生長期每90天施用1次生長肥。

孤挺花的球根。

　　孤挺花是宿根性草本球根植物，可以說是台灣最普及的球根植物，在窗台、花圃常常可看見。每到春天回暖時，就會抽出花梗，開出美豔的花朵，而且品種、花色豐富，紅、白、粉、橘、黃、雙色、條紋都有，還有重瓣品種，花容更是艷麗四射。

✿ 佈置應用

生長期需充足日照，開花時期再整盆移入室內欣賞；或是切下花梗，插入花瓶中妝點室內空間，水的高度大約5公分高即可，每隔幾日可修剪花梗底部，以延長觀賞時間。

栽培 Q&A

Q 孤挺花開完之後，如何養護？

A 花期過後，待花梗轉黃再從花莖底部剪去，並移到較乾燥的地方令其休眠，以利來年重新生長、開花。

孤挺花品種大觀

孤挺花依花型可大致分為原始品種、改良的單瓣品種、重瓣品種，種植方式差異不大，都十分易於照顧，廣為蒐集品種花色，也是孤挺花愛好者的樂趣。

■ 多夢

■ 北極女神

■ 愛神

■ 黑天鵝

■ 紫雨

■ 雙喜

中國水仙

Narcsissus

- 科別：石蒜科
- 光線需求：半日照～全日照
- 澆水頻率：盆土略乾即澆水，或水耕栽培

中國水仙一莖多花、花小而芳郁，產於中國福建漳州一帶，單瓣的品種為金盞銀臺，重瓣的品種為玉玲瓏，開完花之後的球根需要經過三年的培育時間，才能再度開花，因此通常在花後便將球根丟棄。如果保留下來，第二年度雖不會開花，卻會長出肥綠短小的綠葉，也可充當觀葉植物欣賞。

中國水仙剛發芽。

栽培 Q&A

Q 為何我種的中國水仙，葉子和花莖都有倒伏的狀況？

A 主要的原因就是光線不足，使得葉子及花莖長的細軟而倒伏。可用繩子圈住，讓植株看起來不致雜亂，並移到充足日照處栽培。

❀ 栽培方式

選購中國水仙球根時，輕按球體，質感堅硬飽滿的品質較佳。種植時，球莖上的皮可以撕除比較美觀，尖端芽點朝上，球根埋入土中2/3（或可使用淺水盤種植），並需要栽培在陽光充足的地方才能開花。等到開花再移到室內欣賞與聞香，假如全程都栽種於室內，就會成了『裝蒜』的水仙，盼不到開花的時刻。

❀ 佈置應用

中國水仙是傳統春節「歲朝清供」必備的花卉，年節家裡擺上一盤，芬芳怡人、滿室生香。盛開的水仙花，有如笑臉盈人的春風，捎來早春幸福的氣息，是最佳的應景花卉。室內賞花期間，盆栽附近勿點煙燃香及放置水果，以延長觀賞期。 –

君子蘭
Clivia

- 科別：石蒜科
- 光線需求：半日照
- 澆水頻率：土稍乾即澆水

🌸 栽培方式

君子蘭栽種容易，葉片短、闊、厚、綠、亮、挺是健康君子蘭的表現。生長適溫約15～25℃之間，介質建議使用肥沃疏鬆的壤土或培養土，夏天最好避免陽光直射；給水則以盆土乾了再澆水就好。如果環境合宜，每年可以開花2～3枝，花期又長，可以維持20～30天。大概每2年就可以進行換盆，如有新長的子株可另外栽種，同時幫老株修根、更換1/2的新土。

🌸 佈置應用

君子蘭株形端莊，葉片對稱，排列整齊，開花期用於點綴居家廳室、會場佈置，或放置於會議室、接待處，都是美化環境的理想盆花。

君子蘭並不是蘭花，而是石蒜科的球莖植物，常見花色有橙紅色系、淡黃色系、白色系。原產於南非洲，葉形與劍類似，故又名「劍葉石蒜」，也有人稱「聖約翰百合」。喜歡溫暖及半陰的環境，在台灣平地以春、秋季生長最旺盛。

菊花
Dendranthema

● 科別：菊科
● 光線需求：全日照
● 澆水頻率：葉片略有軟化現象就澆水

「菊」與「吉」的諧音相同，象徵吉祥如意、延年益壽，也是每逢過年必備的年節花卉。大菊花四季皆產，花為一枝單朵，小菊的花朵數多，色系鮮艷亮麗又多彩，依花瓣數有單瓣、半重瓣、重瓣之分；依花型有球型、半圓型、雛菊型，因圓潤飽滿而滿盆盛開，也被稱為「金錢菊」，常作為居家佈置運用，在室內的欣賞期可以達到一個月以上。

✿ 栽培方式

生長期每15～20天施用1次薄肥，開花期每15～20天施用1次速效磷鉀肥。

由於生長快速需水量大，栽培期間要格外留意給水，並且利用適當的摘心技巧，促進側芽萌發，以增加開花數量。

✿ 佈置應用

如果想要放在室內觀賞，必須等到花已盛開時，才可以將菊花盆栽移到室內光照明亮、通風良好處欣賞，因為如果不是整棵的花朵都已盛開，就驟然移置室內，將導致花朵無法全部開放而無花可賞。

仙客來

Cyclamen

- 科別：報春花科
- 光線需求：半日照～全日照
- 澆水頻率：土稍乾再澆水，夏季休眠停止給水

　　仙客來是宿根性草本球根植物，花朵造型獨特，微風吹動下，就像是一隻隻翩翩飛舞的蝴蝶，花色有白色、粉紅色、紅色及鑲邊花、絞斑花、雙色花。其帶有白斑的心型葉片，也相當討喜，每逢秋冬便可在花市見到3～5吋盆商品。

✿ 栽培方式

栽培介質使用肥沃疏鬆的砂質壤土或培養土，每30天施用1次磷鉀液肥，促進開花，花期從年底開始，一直到隔年春天。將仙客來放在光照明亮的位置，盆土略乾再澆水，盆底不可積水。花期結束後，由於夏季高溫潮濕，貯存塊莖的過程很易腐爛，建議可將仙客來當做季節草花種植，秋季時再購入新株。

✿ 佈置應用

花名與花型同樣討喜的仙客來，花名寓意迎接貴客，擺設在客廳可以讓來訪的客人感受到喜悅；擺放在飯廳，增添用餐的愉快氣氛；擺放在書房，也可讓文雅的空間再增一股優美的氣息。只需搭配純色的盆器裡，都能讓人眼睛與精神都為之一振。

仙客來各種花色。

擎天鳳梨
Guzmania

- 科別：鳳梨科
- 光線需求：半日照
- 澆水頻率：介質稍乾或葉片沒有光澤就澆水

✿ 栽培方式

適合栽培於窗邊明亮或室內有足夠燈光照射的地方，花謝之後將花序剪除，建議移到室外有遮陰處種植，且高溫高濕的環境較有助於植株正常生長。

✿ 佈置應用

除了擎天鳳梨，還有火炬鳳梨、鸚鵡鳳梨、達摩鳳梨…等，都在年節時期應景上市，可套上與空間搭配的盆器，佈置於玄關、茶几等容易看見的地方。公司行號的接待處、會議室等處，也適合擺設，都有預祝新年好兆頭之美意。

鳳梨除了以食用為目的的水果鳳梨之外，還有觀賞用的鳳梨品種，例如以紅、黃色系為主的擎天鳳梨，象徵鴻運當頭、好運旺來，因此也是受歡迎的吉祥花卉。購買時可挑選花序無畸形、葉片不捲曲、葉尖沒有乾枯現象的為佳。

長壽花

Kalanchoe

- 科別：景天科
- 光線需求：全日照
- 澆水頻率：土乾即澆水

❁ 栽培方式

　　栽培介質建議使用砂質壤土或培養土，生長期每90天施1次緩效肥，開花期每週施用1次速效磷鉀肥，搭配充足的光照下，便可長出許多分枝，每支分枝又再開出一樣樣的花。

❁ 佈置應用

　　花色有紅、黃、粉、橙、白、紫…應有盡有，花瓣有單瓣、重瓣之分。市場上有3吋小品盆栽或中型尺寸，株高10～60公分，可以單盆局部點綴空間，或是多盆密植就能營造出花團錦簇的視覺效果。

　　由於花期相當長，加上環境適應能力極佳，而有了「長壽」這樣吉祥的名字。長壽花葉片肥大光亮、終年翠綠，株形雖然矮小卻著花繁茂，花期又長，觀賞價值高。

長壽花有各種花色。

風信子

Hyacinthus

- 科別：天門冬科
- 光線需求：半日照～全日照
- 澆水頻率：土稍乾即澆水，或水耕栽培

　　風信子常見的花色有藍、紫、紅、粉、黃、白等，開花時會開出一整串滿滿的花穗，色彩艷麗，花具有香氣，且香氣因花色而異！通常秋季可在花市買到進口球莖，需春化冷藏催花一段時間再種植。到了接近年節，市面上則會販售花盆花，是最受歡迎的年節花卉之一。

❁ 栽培方式

選購飽滿、重量沉重、沒有腐爛或病斑及外型完整、勻稱的球根來種植。土耕需選擇排水佳的介質,介質剛好掩蓋球莖或球莖的一半即可。若採取水耕,水位約在球莖基部1/4處,一週更換一次清水,先放在陰暗處等待發根,發根後可將水位逐漸降低,讓1/3根系吸收水分,並且需移到光線充足之處。

風信子土耕發芽。

❁ 佈置應用

風信子通常只會開出一串花,花期可達兩週以上,此時可移入室內佈置觀賞。花謝後將花梗剪除,綠色飽滿的葉片還可充當觀葉植物再欣賞一陣子,待葉片自然枯萎後即可丟棄,來年再購買新球。

將風信子切下,以瓶插方式欣賞,可放置於茶几、桌面等處。

風信子土耕單盆欣賞。

〔 **綠手指 Tips** 〕

由於球莖自體的養分便已足夠供給開花所需,所以不必在水中另外添加營養液或肥料。栽培方式極為簡單又容易開花,特別推薦給新手。

葡萄風信子

Muscari

● 科別：天門冬科
● 光線需求：半日照～全日照
● 澆水頻率：土稍乾即澆水，或水耕栽培

葡萄風信子原產於歐亞大陸，株高10～20公分，花串由下往頂端綻放，有如一串小葡萄般的討人喜愛，且有微微淡香。常見的花色有深藍色、淺藍色、紫色、以及白色，還有特殊品種紫色羽毛和黃金香水等。

🌸 栽培方式

秋季時，市面上會看見販賣葡萄風信子的球莖，選購時可輕按球根，質感堅硬飽滿的品質較佳，購買後自行春化冷藏到12月中旬左右，再拿出來種植，土耕或水耕皆可，三寸盆可種三球，栽培方式類似風信子。由於經過低溫冷藏，便能在一個月左右快速生長開花。

🌸 佈置應用

將葡萄風信子栽培於明亮的窗邊，可欣賞從發芽到開花的過程，開花後也可移入室內佈置觀賞。花謝後將花梗剪除，濃綠的葉片還可充當觀葉植物再欣賞一陣子，待葉片自然枯萎便可丟棄，來年再購買新球。

清新路線的葡萄風信子，可說是近幾年的新寵兒。

鬱金香
Tulipa

- 科別：百合科
- 光線需求：半日照～全日照
- 澆水頻率：土略乾即可澆水

鬱金香是荷蘭的國花，也是知名度最高的球根花卉，台灣的鬱金香球莖通常是在8～11月從國外進口，栽培之後花期正值春節期間，可作為年節佈置花卉。直立挺拔的花莖、優雅高貴的姿態，依品種不同可能呈現杯型、球型、碗型等各式花型。近幾年，也有許多農場打造鬱金香花海，可一次欣賞到大量品種花色，彷彿置身於歐洲的鬱金香花園。

❀ 佈置應用

栽培期間需要全日照或半日照，勿種植在室內無光線的地方，會使莖葉徒長、花芽無法分化，導致虛弱或無花。等待開花時期，再移到室內觀賞，或者切下來插入花瓶中點綴室內空間。

❀ 栽培方式

秋冬時期，購買鬱金香球根，尖端芽點朝上，整顆球根埋入土中，五吋盆約可種植3～5球，介質可使用珍珠石和泥炭土混合，以增加透氣排水性。

鬱金香可在秋冬季居家栽培。

切下開花的鬱金香，插入花瓶中佈置欣賞。

Part ④

室內植物
大　活　用

室內植物之美，如能結合佈置巧
思，運用容易取得的素材或園藝雜
貨做改造、搭配，將能相得益彰，
讓植物成為最好的家飾品。且看園
藝佈置達人為我們示範如何營造植
物佈置的美感，讓空白的牆面、空
蕩的窗台、呆板的廚櫃、嚴肅的辦
公室…都能增添一抹綠色清新。

IDEA
01

懸掛式的
絲瓜樹屋

示範者／Lisa
（FB：VERS I 遇見自然）

利用天然素材絲瓜布玩點小改
造，做成獨一無二的自然風樹
屋，只要挖出適當空間塞入一盆
吊盆植物，再加上幾件裝飾小
物，懸掛在牆上或窗台邊點綴，
每每瞥見總能令人會心一笑。

材料｜絲瓜布、鐵線、鉗子、刀
片、剪刀、樹枝、山歸來
與山防風果實

植物｜嬰兒的眼淚

1 使用剪刀和刀片,在
絲瓜布上挖出一個長
方形的凹洞,並去掉
絲瓜籽。

2 以剪刀挖空絲瓜的底
部。

3 在長方形凹洞上方,
以剪刀挖出一個圓形
凹洞。

4 絲瓜布上方修剪出一
個三角形。

5 取另一塊絲瓜布,剪
出長方形的屋頂後,
在中央處穿入麻繩。

6 以鐵線固定屋身和屋
頂。

7 插入樹枝作為裝飾。

8 放入嬰兒的眼淚盆栽
即完成。

TIPS

若要加上裝飾小物,可以
用鐵絲或鋁線,將裝飾品
做成花插,再插入盆土之
中即可。

IDEA 02

冰棒棍改造花盆

示範者／Lisa（FB：VERS I 遇見自然）

利用生活中容易取得的牛奶紙盒、冰棒棍，就能自製出一個別緻的造型盆器。植物不必脫盆、直接套入，放在茶几、桌面等與視覺同高或略低的地方觀賞，盆器的每一面都是自己的巧思設計，看著就會感到歡喜。

材料｜盒子、冰棒棍、剪刀、雙面膠、和紙膠帶、貼紙、布標、小黑板、麻繩

植物｜斑葉紫唇花、蔓梅凝

| Step by Step |

1 找個木盒或紙盒，四周貼上雙面膠後，依序貼上長短不一的冰棒棍。

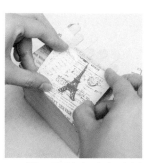

2 選一面隨意貼上貼紙或喜歡的包裝紙。

3 其它每一面都可隨意黏貼紙膠帶或布標做裝飾。

4 以麻繩綁起蔓梅凝後，黏貼於小黑板上。

5 將裝飾完成的小黑板掛在冰棒棍上。

6 放入斑葉紫唇花盆栽即完成。

IDEA 03

禮物感植物提籃

示範者／Lisa（FB：VERS｜遇見自然）

樸素的塑膠置物籃，加上顏色鮮豔的果實枝條，以及緞帶的裝飾，馬上搖身一變成為盆栽小花禮，無論送人或妝點自家空間，都能讓一盆普通的植物瞬間大大加分。

材料｜錐子、緞帶、塑膠提盒

植物｜斑葉到手香、蔓梅凝

Step by Step

1 使用錐子在塑膠提盒底部鑽洞，以利排水。

2 修剪適當長度的蔓梅凝枝條。

3 確認蔓梅凝的擺放位置。

4 在提把處綁上緞帶。

5 調整好枝條與緞帶的高低位置。

6 放入斑葉到手香盆栽即完成。

IDEA 04

造型盆栽頭機器人

示範者／Lisa（FB：VERS I 遇見自然）

樸素的瓦盆看久了，總是有些呆板，不妨讓它擬人化成為淘氣的機器人，套入的植物，還恰巧成為它的俏皮髮型，喜怒哀樂的表情，就隨您的意思自由添上幾筆囉！

材料｜瓦盆、麻繩、錐子、剪刀、瓷珠、奇異筆、修正帶

植物｜變葉木

| Step by Step |

1 利用錐子在瓦盆上鑽出四個孔洞。

2 麻繩一端先打結，再從孔洞穿出盆外，串上方塊珠，尾端打結。

3 串上圓形瓷珠，尾端再打結。

4 四個孔洞逐一裝飾完成。

5 以奇異筆畫出臉部表情，嘴巴可使用修正帶畫上。

6 放入變葉木盆栽即完成。

IDEA 05

可愛滿點
植物推車

示範者／Lisa
（FB：VERS I 遇見自然）

廢棄或殘缺的木料，可別輕易丟
了，利用簡單的木工技巧，還有
樹下撿拾的樹枝，就能改造成
植物手推車，讓植物彷彿可以乘
坐在推車上面，四處散播一抹綠
意。

材料｜木盒、輪子、樹枝、螺絲、
螺絲起子、刀片、熱熔膠
槍

植物｜麒麟花、迷你薜荔

| Step by Step |

1 使用木片製作出推車
和輪子，將輪子鎖上
螺絲以固定。

2 以熱熔膠將樹枝黏
上，充當推車的把
手。

3 推車底部一樣黏上樹
枝，讓推車能平衡站
立。

4 放入迷你薜荔、麒麟
花即完成。

IDEA 06

空氣鳳梨
窗格吊飾

示範者／梁群健
（FB：幸福花園 i 手作）

好照顧的空氣鳳梨，可以用來妝點牆面，利用市售的各類木格窗來附植空氣鳳梨，與木框的效果相似，但更多了的點文人的風雅，與磚牆、泥牆或古色古香的環境特別搭配。

材料｜木格窗、鋁線、枯木、毬果

植物｜空氣鳳梨數種

| Step by Step |

1　小片的木格窗下方位置，將大型種的空鳳以單株附植的方式固定；小型種的則以群落方式固定，位置可略偏左或偏右，再使用細鋁線將空氣鳳梨基部固定。

2　大片的木格窗，於一角及對稱的位置，用形質與大小不同的空鳳群落，產生對比與相呼應的視覺，另可再以流木、毬果或花果種子做點綴。

IDEA 07

典雅的茶几佈置

示範者／Lisa
（FB：VERSI 遇見自然）

客廳茶几通常是沒有直接日照的地方，想營造客廳綠意氛圍，可挑選較耐陰的植物，或者正值花期的盆花，像是蘭花類，套上花盆，再搭配桌巾、花紋布料，隨意放上一些小巧可愛的山歸來、山防風，就能讓茶几自成一幅桌面風景，而且高雅又大方。

材料｜桌巾、陶杯、托盤

植物｜蘭花、山防風、山歸來果實

淨空的茶几雖然整潔，但似乎少了家的溫度，顯得有些單調。

將迷你蘭花放在陶杯中，與托盤、茶杯、小果實組合設計，溫馨氣氛油然而生。

IDEA 08

打造
自然風玄關

示範者／Lisa
（FB：VERS I 遇見自然）

玄關位於室內和戶外之交界，頗有轉換心情與角色的味道。若想營造一種進家門很放鬆、出家門也要很從容的轉圜空間，花點心思，在玄關擺設高低錯落的植物、生活雜貨、季節感盆花、甚至是實用的留言板，就能讓玄關發揮它的用途。

材料｜園藝雜貨、木架、黑板、
　　　掛勾

植物｜觀葉植物、季節花卉、手
　　　綁花圈

利用懸掛、立架的方式，讓單調的牆面有了
花草表情，也打破原先銳利的直角線條。

空無一物、平凡無奇的玄關。

IDEA 09

營造親近感的書櫃

示範者／Lisa
（FB：VERSI 遇見自然）

書櫃層架上，如果藏書量不多，或者不想讓書櫃塞滿書籍顯得沉重，可穿插一些花草、雜貨的展示佈置，甚至把盆栽當書擋也十分別出心裁，讓書櫃更引人親近。不過光照微弱的書櫃，要慎選較耐陰的植物，並搭配運用乾燥花、毬果，讓書櫃就是一幅牆面風景。

材料｜雜貨、風格盆器

植物｜種子盆栽、常春藤、乾燥花、山歸來枝條

原本只使用人造花和小雜貨做佈置，人工感較重。

運用盆栽當書擋，在書櫃上緣圍繞山歸來可愛的果實來點綴，也柔化書櫃外型生硬的線條。

After

運用不同型態、高低的植物,妝點櫃檯
前方、桌面、層架、背景牆,氣氛變得
放鬆許多。

IDEA 10

提升接待空間的綠意

接待處代表一個場所的門面,擺設通常簡單大方、採光明亮,若能在桌面、層架、角落等處巧妙的融入植物擺設,可以立即拉近距離感,也是對訪客友善體貼的表現。擺放時,留意後高前低的原則,櫃檯前的植物大約與桌面同高度即可,牆上則可使用垂墜生長類型的植物,活絡整個空間的氣氛。

材料 | 簡約花盆

植物 | 虎尾蘭、常春藤、棕竹、多肉植物

接待處空間明亮,但缺少迎賓的氣氛。

Before

IDEA ⑪

辦公室造景佈置

辦公室內充滿桌椅、隔板、電腦、事務機等各式設備，難免給人較為冰冷的感覺。若能利用閒置的區塊，以群聚的方式搭配擺放幾款葉色、斑紋不同的植物，後高、前低的排列，再以修邊資材（如：木頭段）圍繞，遮住塑膠盆就能完成室內造景，十分簡單容易。

材料 | 園藝木樁

植物 | 棕竹、粗肋草、白鶴芋、火鶴花、黃金葛、常春藤

零星的小空間，可運用高低層次安排，創造出面積較大的綠意造景氛圍。

IDEA 12

用綠意
妝點會議室

會議室雖然是比較嚴肅、正式的空間，但在講求創意思考、組織活化的時代，開會也希望能夠達到刺激思考、激勵員工的效益。建議可以挑選 1、2 株叢狀或葉面較大且開展的植栽，放在角落柔化轉角；桌面上再等距擺設低矮、不影響交談的盆栽，使空間充滿生機活力，扭轉會議室冰冷的氣氛。

材料 ｜ 簡約盆器

植物 ｜ 粗肋草、鵝掌藤、白花天堂鳥、金紋草

風格乾淨簡約的會議室。

加入植物以消除過多的留白區域，讓空間充滿綠色生機。

讓沉靜的
展示櫃
變活潑

在展示陳列的櫃位上，塞入滿滿的商品，反而讓人感到視覺過於緊迫，無法辨識出產品的特色與差異。這時不妨適度取捨，騰出一部分位置，放入小品規格的植物，如陳設物品顏色較深、較單調，可以挑選葉色鮮綠或帶有斑紋的種類，更能讓目光停留在展示櫃上面！

材料 | 簡約盆器

植物 | 黃金葛、粗肋草

穿插蔓藤性植物，讓立面陳設更具動感。櫃子旁邊也可放置落地盆栽，穩定視覺。

IDEA 14

童趣十足的角落花園

示範者／Lisa（FB：VERS I 遇見自然）

一個採光良好的開放式空間，特別闢出局部區塊來做綠化佈置，讓進來這裡的大小朋友，都能自然地席地而坐，參與各種舉辦的活動、小型表演會。

首先要置入外形較大，適合作為主角級擺設的雜貨，有：木桌椅、三角木架、木箱，然後採用原木、素燒、仿鑄鐵陶燒等自然風雜貨，因為他們具有濃濃手感，彩度不高，可以彼此融合。

而植物的搭配方式，則是先決定好最高的主題樹，然後挑選葉形有波浪、掌狀、羽裂、或者童趣感斑紋的種類，讓看見的人忍不住多瞧幾眼。另外還有型態優美的蔓性植物，可垂懸於木架、牆面上，讓它隨著生長，展現自然的流洩株形，整體小花園也就更加柔美了。

材料 ｜ 園藝雜貨、童趣玩偶、小學課桌椅

植物 ｜ 黛粉葉、孔雀竹芋、山蘇、蔓性植物、蓬萊蕉、水生植物、蕨類、多肉植物、麵金包樹樹苗

|Idea|
1 木把手提籃，放入小巧而株形各異的可愛盆栽。

|Idea|
2 優雅的蔓性植物，是不可或缺的點綴植物。

|Idea|
3 植物叢中，可以隨著到來的節慶，置入應景的裝飾物品。

|Idea|
4 盆栽底部可襯上人工草皮，增加自然感。

在留白的牆面之前，打造出繽紛熱鬧的童趣花園，讓空間變得動感十足。

空氣淨化植物50選

現代人每天有將近一半的時間是在室內度過，尤其是在都會區，待在室內的時間更長，有時會出現皮膚乾燥發癢、過敏、頭痛、嗜睡、噁心、無法專注、容易疲勞…等不舒服的症狀，稱為「病態建築症候群」（Sick Building Syndrome, SBS）。而SBS大部分與建築內的空氣污染有關，這些污染主要來自於地毯、家具、窗簾、印表機、影印機、油漆、清潔劑，或是建材所釋出的揮發性有機物質。根據學術研究顯示，如能在室內擺設植物，確實可以降低SBS的發生。

以下50種室內植物，是已經過實測，對於降低室內灰塵飛散，以及排除二氧化碳、吸收有毒揮發物有確切幫助的植物。如果想在居家綠美化之餘，還能淨化室內空氣品質，讓自己和家人更健康，不妨從這50種植物中挑選。

TIPS 根據研究，室內每3坪的空間，如能擺設一棵至少6吋盆大小的植物，可以提高室內空氣品質。因此若要達到空氣淨化效果，植栽佈置的尺寸、位置、數量，也要一併考量。

● 愈多表示滯塵能力或二氧化碳移除速率愈高　✔ 表示已有文獻證實具有淨化能力

植物	單位葉面積滯塵能力	二氧化碳移除速率	移除揮發性有機物質				
			甲醛	三氯乙烯	氨	二甲苯	甲苯
鐵線蕨	●●●●●	●●	✔				
白馬粗肋草	●●●●	●●●●●	✔				✔

植物	單位葉面積滯塵能力	二氧化碳移除速率	移除揮發性有機物質				
			甲醛	三氯乙烯	氨	二甲苯	甲苯
黑葉觀音蓮	●●●●	●●●●●●●					
火鶴花	●●●	●●●	✔		✔	✔	✔
金脈單藥花	●●●●●	●●●●●●	✔				
臺灣山蘇花	●●	●●●●●	✔				
麗格秋海棠	●●●●●●●	●●●	✔				

植物	單位葉面積 滯塵能力	二氧化碳 移除速率	移除揮發性有機物質				
			甲醛	三氯乙烯	氨	二甲苯	甲苯
鐵十字秋海棠	●●●●●●● ●●	●●					
蝦蟆秋海棠	●●●●●	●●●●●					✔
孔雀竹芋	●●●●	●●●●●	✔		✔		
袖珍椰子	●●	●●●●●●●	✔	✔	✔		✔
中斑吊蘭	●●	●●●●●●	✔				

植物	單位葉面積滯塵能力	二氧化碳移除速率	移除揮發性有機物質				
			甲醛	三氯乙烯	氨	二甲苯	甲苯
娃娃朱蕉	●●●	●●●●●					
變葉木	●●	●●●●●	✔				
仙客來	●●●	●●●●	✔				
秋石斛	●●●	●●					
盆菊	●●●●●●	●●●●●●●● ●	✔		✔		✔

植物	單位葉面積滯塵能力	二氧化碳移除速率	移除揮發性有機物質				
			甲醛	三氯乙烯	氨	二甲苯	甲苯
 噴雪黛粉葉	●●	●●●●●●	✔			✔	✔
 檸檬千年木	●●●●	●●●●●	✔	✔		✔	✔
 中斑香龍血樹	●	●●●	✔		✔	✔	✔
 彩虹竹蕉	●●●●●●	●●	✔	✔		✔	✔
 萬年竹	●●	●					

植物	單位葉面積滯塵能力	二氧化碳移除速率	移除揮發性有機物質				
			甲醛	三氯乙烯	氨	二甲苯	甲苯
黃金葛	●●●	●●●●●	✔				
聖誕紅	●●●	●●●●●●●●	✔				
白斑垂榕	●●●●●	●●	✔		✔	✔	✔
印度橡膠樹	●●●●●	●●●●●●●●	✔				
琴葉榕	●●●	●●●●●	✔				

植物	單位葉面積滯塵能力	二氧化碳移除速率	移除揮發性有機物質				
			甲醛	三氯乙烯	氨	二甲苯	甲苯
薜荔	●●●●●●●●	●●●●●●					
白網紋草	●●●●●●●	●●●●					
非洲菊	●●●●	●●●●●●●●	✔	✔		✔	
擎天鳳梨	●●	●●●●●					
常春藤	●●●●	●●●●●●	✔	✔		✔	

植物	單位葉面積滯塵能力	二氧化碳移除速率	移除揮發性有機物質				
			甲醛	三氯乙烯	氨	二甲苯	甲苯
繡球花	●●●●●	●●●●●●					
嫣紅蔓	●●●●●●●	●●●●●●●●					
長壽花	●●●●●●	●●●●	✔				
龜背芋	●●	●●●●●●●●					
波士頓腎蕨	●●●●●	●●●●●●●●	✔	✔		✔	

植物	單位葉面積 滯塵能力	二氧化碳 移除速率	移除揮發性有機物質				
			甲醛	三氯乙烯	氨	二甲苯	甲苯
馬拉巴栗	●●●●●	●●●●●●●	✔				
西瓜皮椒草	●●●●	●●●					
皺葉椒草	●●●●●●●●	●●●●●●					
心葉蔓綠絨	●●●	●●●●●●●●●	✔				
冷水花	●●●●●	●●●●●●					

植物	單位葉面積滯塵能力	二氧化碳移除速率	移除揮發性有機物質				
			甲醛	三氯乙烯	氨	二甲苯	甲苯
鹿角蕨	●●●●●	●●●●●					
福祿桐	●	●●●●					
西洋杜鵑	●●●●	●●●●●●●	✔		✔		
非洲堇	●●●●●●●●	●●●●●●●●					
澳洲鴨腳木	●	●●●●●●●	✔				

植物	單位葉面積滯塵能力	二氧化碳移除速率	移除揮發性有機物質				
			甲醛	三氯乙烯	氨	二甲苯	甲苯
大岩桐	●●●●●●●● ●	●●●					
白鶴芋	●●	●●●●●●●● ●	✔	✔	✔	✔	✔
白蝴蝶合果芋	●●●	●●●●●	✔				

※ 資料來源：行政院環境保護署《淨化室內空氣之植物應用及管理手冊》

TIPS 葉片上面具有絨毛或凹凸不平的表面，吸附塵埃的效果較佳，但如果落塵過多已堵塞氣孔，就會降低效果，因此建議每隔數週以濕抹布擦拭葉面及葉背，去除累積的灰塵與水垢，以增加滯塵效率，同時也讓盆栽更健康美觀。

INDEX 本書植物名稱索引

綠色家屋：
120 種室內觀花、觀葉植物栽培與空間綠美化

作者	花草遊戲編輯部
社長	張淑貞
副總編輯	許貝羚
主編	王斯韻
責任編輯	鄭錦屏
特約美編	林佩樺
特約攝影	陳家偉、王正毅、蕭維剛、陳熙倫
行銷企劃	曾于珊

發行人	何飛鵬
事業群總經理	李淑霞
出版	城邦文化事業股份有限公司　麥浩斯出版
E-mail	cs@myhomelife.com.tw
地址	104 台北市民生東路二段 141 號 8 樓
電話	02-2500-7578
傳真	02-2500-1915
購書專線	0800-020-299

發行	英屬蓋曼群島商家庭傳媒股份有限公司城邦分公司
地址	104 台北市民生東路二段 141 號 2 樓
讀者服務專線	0800-020-299（9：30 AM ～ 12：00 PM；01：30 PM ～ 05：00 PM）
讀者服務傳真	02-2517-0999
讀者服務信箱	E-mail：csc@cite.com.tw
劃撥帳號	19833516
劃撥戶名	英屬蓋曼群島商家庭傳媒股份有限公司城邦分公司

香港發行	城邦〈香港〉出版集團有限公司
地址	香港灣仔駱克道 193 號東超商業中心 1 樓
電話	852-2508-6231
傳真	852-2578-9337
新馬發行	城邦〈馬新〉出版集團 Cite(M) Sdn. Bhd.(458372U)
地址	41, Jalan Radin Anum, Bandar Baru Sri Petaling, 57000 Kuala Lumpur, Malaysia
電話	02-2917-8022
傳真	02-2915-6275

製版印刷	凱林印刷事業股份有限公司
總經銷	聯合發行股份有限公司
電　話	02-2917-8022
傳　真	02-2915-6275
版次	初版 9 刷 2022 年 12 月
定價	新台幣 380 元／港幣 127 元

Printed in Taiwan

綠色家屋:120 種室內觀花、觀葉植物栽培與空間綠美化/花草遊戲編輯部編著. -- 初版. -- 臺北市：麥浩斯出版：家庭傳媒城邦分公司發行, 2017.08
面；　公分
ISBN 978-986-408-300-8(平裝)

1. 園藝學

435.11　　　　　　106010772